技工院校一体化课程教学改革 机床切削加工 / 数控加工 专业教材

零件普通车床加工（一）

人力资源和社会保障部教材办公室组织编写

中国劳动社会保障出版社

内容简介

本书主要内容包括 CA6140 型车床的基本操作、车削传动轴、车削轴套三个学习任务。

图书在版编目(CIP)数据

零件普通车床加工. 1/人力资源和社会保障部教材办公室组织编写. —北京：中国劳动社会保障出版社，2012

技工院校一体化课程教学改革机床切削加工/数控加工专业教材

ISBN 978-7-5045-9940-7

Ⅰ.①零… Ⅱ.①人… Ⅲ.①车削-技工学校-教材 Ⅳ.①TG510.6

中国版本图书馆 CIP 数据核字(2012)第 194031 号

中国劳动社会保障出版社出版发行

（北京市惠新东街1号 邮政编码：100029）

出版人：张梦欣

*

北京市艺辉印刷有限公司印刷装订 新华书店经销

787毫米×1092毫米 16开本 9.5印张 225千字

2012年9月第1版 2021年5月第12次印刷

定价：39.00元

读者服务部电话：（010）64929211/84209101/64921644

营销中心电话：（010）64962347

出版社网址：http://www.class.com.cn

http://jg.class.com.cn

技工院校一体化课程教学改革教材编委会名单

编审人员

主　编：张　良

参　编：张炳培　屠国栋

主　审：王公安

顾　问：朱永亮　张利芳　张晓梅

序

人才是我国经济社会发展的第一资源，技能人才是人才队伍的重要组成部分。党中央、国务院高度重视技能人才队伍建设工作，2009 年 12 月，胡锦涛总书记在视察珠海市高级技工学校时指出：“没有一流的技工，就没有一流的产品”、“技能型人才在推进自主创新方面具有不可替代的重要作用”。技工院校是系统培养技能人才的重要基地。多年来，技工院校始终紧紧围绕国家经济发展和劳动者就业，以满足经济发展和企业对技术工人的需求为办学宗旨，形成了鲜明的办学特色，为国家培养了大批生产一线技能劳动者和后备高技能人才。

当前，我国处于全面建设小康社会的关键时期，随着加快转变经济发展方式、推进经济结构调整以及大力发展高端制造产业等新兴战略性产业，迫切需要加快培养一大批具有精湛技能和高超技艺的技能人才。为了遵循技能人才成长规律，切实提高培养质量，进一步发挥技工院校在技能人才培养中的基础作用，从 2009 年开始，我部借鉴国内外职业教育先进经验，在全国 17 个省（区、市）的 30 所技工院校启动了一体化课程教学改革试点工作，推进以职业活动为导向，以校企合作为基础，以综合职业能力培养为核心，理论教学与技能操作融合贯通的一体化课程教学改革。这项改革试点将传统的以学历为基础的职业教育转变为以职业技能为基础的职业能力教育，促进了职业教育从知识教育向能力培养转变，努力实现“教、学、做”融为一体，收到了积极成效。改革试点得到了学校师生的充分认可，普遍反映一体化课程教学改革是技工院校一次“教学革命”，学生的学习热情、教学组织形式、教学手段和学生的综合素质都发生了根本性变化。试点的成果表明，一体化课程教学改革是转变技能人才培养模式的重要抓手，是推动技工院校改革发展的重要举措，也是人力资源社会保障部门加强技工教育和在职业培训工作的一个重点项目。

教学改革的成果最终要以教材为载体进行体现和传播。根据我部推进一体化课程教学改革的要求，一体化课程改革专家、几百位试点院校的骨干教师以及中国人力资源和社会保障出版集团的编辑团队，用了三年多的时间，组织实施了一体化课程教学改革试点，并将试点中形成的课程成果进行了整理、提炼，汇编成“活页”教材。这套教材不仅在形式上打破了传统教材的编写模式，而且在内容上突破了传统教材的结构体例，在国内职业教育培训教材领域中均属首创。这套教材及配套资料的出版，不仅是本次一体化课程教学改革试点工作的阶段性总结，也是一体化课程教学改革不断深化和全面推广的一个起点。希望全国技工院校将一体化课程教学改革作为创新人才培养模式、提高人才培养质量的重要抓手，进一步推动教学改革，促进内涵发展，提升办学质量，为加快培养合格的技能人才作出新的更大贡献！

人力资源和社会保障部副部长

王晓初

二〇一二年八月

活页式教材使用说明

◆ 页码编排方式

为了更加方便地在教材中增删和替换内容，页码采用“学习任务编号－学习活动编号－页码号”三级编排形式，如“3–2–4”表示“学习任务三”的“学习活动 2”的第 4 页。

◆ 过程评价表使用方法

教材中设计了“自评表”、“互评表”、“教师总评表”、“综合评价表”等评价表格，表头上有“班级”、“姓名”、“学号”等信息栏，从活页教材中取出评价表填写后可以单独提交。

◆ 教材内容更新方法

中国人力资源和社会保障出版集团将根据一体化课程教学改革的推进以及科学技术的发展和不同地域的需要，不断补充和更新教材中的学习任务和学习活动，学校可以从“技工院校一体化教学资源网（http：//yth.cott.org.cn）”下载（需在网站注册）。通过网站还可以了解到更多的一体化课程教学改革信息和下载相关资源。

◆ 便携式活页夹和 PVC 保护板使用方法

使用教材中附赠的便携式活页夹，可以灵活方便地将教材中部分内容携带至一体化教学场地。教材内附的整张 PVC 保护板可以作为学习记录垫板使用。

◆ 参考用书选用方法

在学习过程中，学生需要查阅大量参考资料，下表为中国人力资源和社会保障出版集团出版的适宜本专业一体化教学使用的参考书目录。

机床切削加工 / 数控加工专业一体化教学参考书目录（中级阶段）

序号	书号	书名
1	978-7-5045-9709-0	机械制图（少学时）（双色印刷）
2	978-7-5045-9690-1	机械基础（少学时）（双色印刷）
3	978-7-5045-9677-2	金属材料与热处理（少学时）（双色印刷）
4	978-7-5045-9717-5	极限配合与技术测量基础（少学时）（双色印刷）
5	978-7-5045-9689-5	机械制造工艺基础（少学时）（双色印刷）
6	978-7-5045-9713-7	工程力学（少学时）（双色印刷）
7	978-7-5045-9668-0	电工学（少学时）（双色印刷）
8	978-7-5045-8689-6	车工工艺与技能　学生用书II　基础知识
9	978-7-5045-9159-3	铣工工艺与技能　学生用书II　基础知识
10	978-7-5045-9128-9	数控加工工艺学（第三版）
11	978-7-5045-9097-8	数控机床编程与操作（第三版　数控车床分册）
12	978-7-5045-9112-8	数控机床编程与操作（第三版　数控铣床　加工中心分册）

目　　录

学习任务一　CA6140 型车床的基本操作

学习目标

1. 能按照车间安全防护规定穿戴劳保用品，执行安全操作规程，牢固树立正确的安全文明操作意识。

2. 能通过查阅 CA6140 型车床使用手册，了解机床主要特性。

3. 能描述 CA6140 型车床的组成、结构、功能，指出各部件的名称和作用。

4. 能明确 CA6140 型车床的主要技术参数。

5. 能叙述车床操作中常用的工装夹具及辅件。

6. 能叙述车床各操作手柄的使用方法和作用。

7. 能叙述普通车床的传动系统形式。

8. 能叙述三爪自定心卡盘的结构和装夹工件的方法。

9. 能对三爪自定心卡盘上卡爪进行识别并能正确安装。

10. 能检查机床功能完好情况，按操作规程进行加工前机床润滑、预热等准备工作。

11. 能按车床的安全操作规程操作机床，如启动、停止、变速、变向等。

12. 能按车间现场管理规定和要求，整理现场，保养机床，并填写保养记录。

13. 能按车间规定填写交接班记录。

14. 能主动获取有效信息，展示工作成果，对学习与工作进行总结反思，能与他人合作，进行有效沟通。

20 学时。

工作情境描述

新员工入职后，企业一般要对新员工进行岗前培训。对一名车工而言，首先要了解车工岗位的工作性质，遵守车床的安全操作规程，认识车床各部件的名称、结构和功能，认知车削加工的基本原理，规范操作车床，对车床进行日常的维护与保养，并按车间管理规定整理生产现场。

工作流程与活动

1. 参观生产现场（4 学时）
2. 车床的基本操作（12 学时）
3. 工作总结与评价（4 学时）

学习活动 1　参观生产现场

学习目标

1. 能按照车间安全防护规定，穿戴劳保用品，遵守参观纪律。

2. 能描述车工工作岗位的要求，并能认知常用车床。

3. 能描述车床的分类、型号、名称及其加工特点。

4. 能遵守安全文明生产规程，树立安全文明生产意识。

5. 能通过现场参观体验车间生产氛围，提高学习兴趣。

建议学时：4 学时。

学习过程

一、接受安全文明生产教育

安全文明生产是企业生产管理的重要内容之一，直接影响企业的产品质量和经济效益，影响设备的利用率和使用寿命，影响工人的人身安全。作为新员工，进入企业的初期，就要培养良好的文明生产和安全生产习惯，为将来进一步做好工作打下良好的基础。

1. 通过观看介绍车间生产基本情况的视频或查阅资料，指出表 1—1—1 图中所示车间生产现场中都存在哪些安全文明方面的问题。

2. 通过观看视频并结合图 1—1—1，说一说生产现场的着装要求。

表 1—1—1　　　　生产现场中的安全文明问题

项目	存在的问题

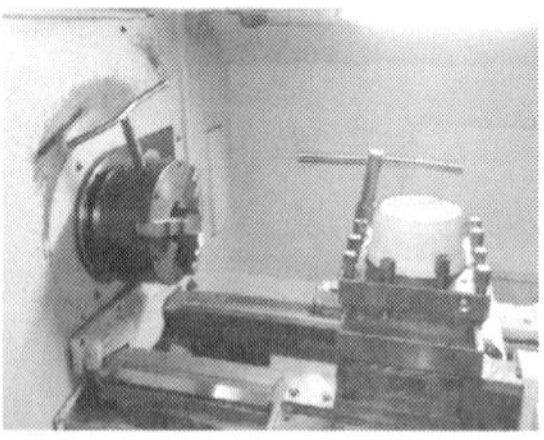	

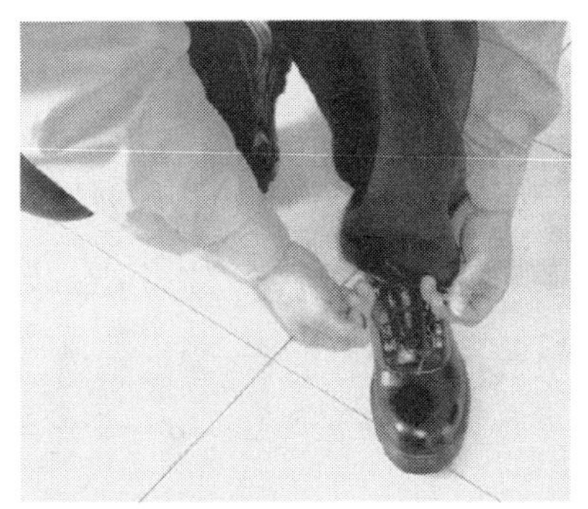

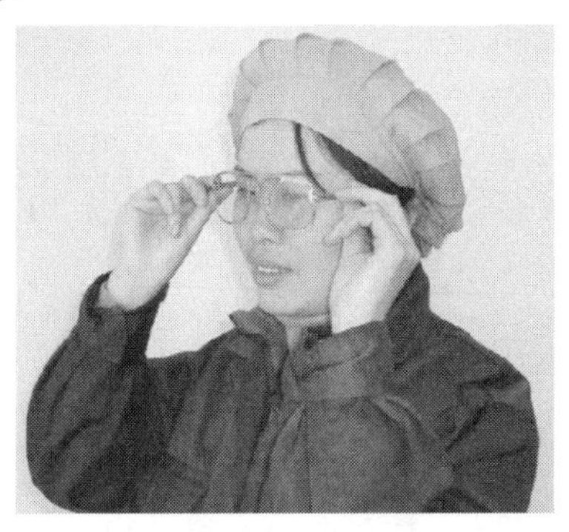

图 1—1—1　生产现场的着装要求

袖口：

领口：

鞋：

防护帽：

防护镜：

3. 在了解了安全文明生产常识后，分析下列案例。

工人小丽是一个年轻漂亮的姑娘。这天，她穿着新买的皮凉鞋，披着新染的长发，高高兴兴地去厂里上班。一看时间紧张，她便直接来到了车间，启动了机床。刚准备操作，看看自己精心护理的一双手，小丽赶紧找出一副手套戴上。

请讨论一下，小丽现在能开始干活了吗？如果不能，请指出她的哪些行为是错误的，应该如何改正？

干活过程中，小丽发现机器有一点脏，她赶忙用抹布擦了擦。被组长看到了，组长过来制止并批评了小丽。

请讨论组长为什么要批评小丽?

二、了解车床加工内容，进行专业认知

1. 通过观看介绍车工工作内容的视频，结合图 1—1—2，说明普通车床上都适合加工什么样的零件，并简单谈谈自己对车工工作任务的认识。

图 1—1—2　普通车床适合加工的零件类型

普通车床适合加工零件的类型:

车工的工作任务：

2．车床分为立式车床和卧式车床，通过查阅资料，写出如图 1—1—3 所示车床的类型及加工特点。

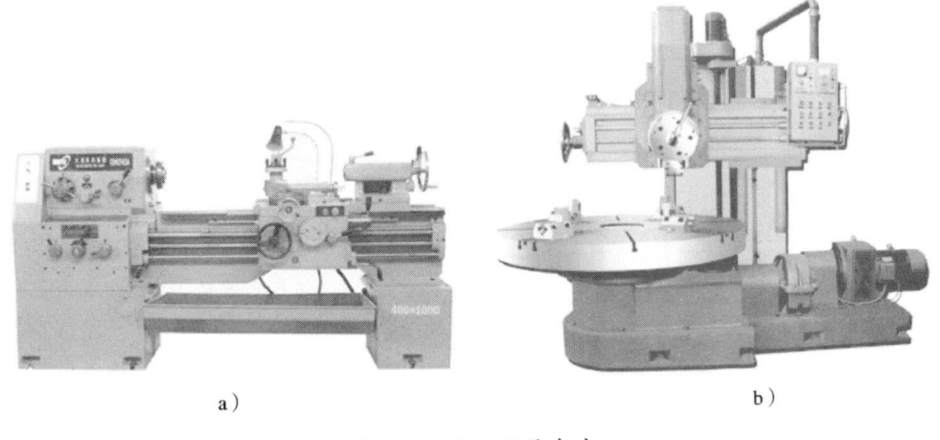

图 1—1—3　两种车床

a）图所示的车床类型：

加工零件的类型：

b）图所示的车床类型：

加工零件的类型：

3．车床的型号是车床的代号，根据型号可知道车床的种类和主要参数。查阅资料说明车床代号 CA6140A 的含义?

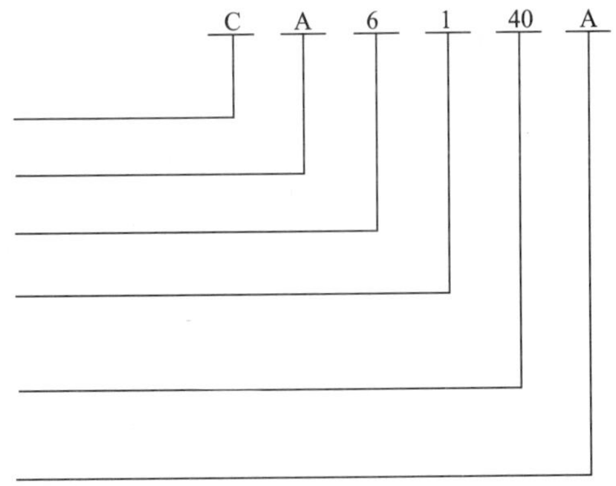

三、参观生产车间现场

1. 参观前请对照表 1—1—2 进行安全自检，并将结果记录在表中。

表 1—1—2　　安全自检表

自检问题	记录
工作服穿好了吗？	是□　否□
手套及饰品都摘掉了吗？	是□　否□
穿的鞋子绝缘吗？	是□　否□
穿的鞋子是否防砸、防扎、防滑？	是□　否□
戴工作帽了吗？	是□　否□
女生把长发盘起并塞入工作帽内了吗？	是□　否□

安全提示

参观前应注意着装是否符合要求；参观时听从教师统一指挥；在加工现场，站在安全区域内仔细观察；对各种机床不得随意触摸；在车间里不得大声喧哗和嬉戏打闹。

2. 将参观过程中看到的车床的类型和型号记录下来，见表 1—1—3。

表 1—1—3　　记录车床的类型和型号

车间 / 机床	类型	型号	数量	厂家
普通车床车间				

查阅资料，列举说明你在车间看到的车床型号的含义。

3. 参观生产现场时，留意车间里的各类安全规章制度，请写出五条。

4. 参观结束后，与车间工人师傅交流关于对车工工作的认识和车工工作岗位的要求方面的话题，并用自己的语言描述一下车工工作岗位的要求。

学习活动2　车床的基本操作

学习目标

1. 能说出车削加工的原理。

2. 能进一步明确车床具体的加工内容。

3. 能描述 CA6140 型车床的组成、结构、功能，指出各部件的名称和作用。

4. 能叙述普通车床的传动系统形式。

5. 能明确 CA6140 型车床的主要技术参数。

6. 能叙述三爪自定心卡盘的结构和装夹工件的方法。

7. 能对三爪自定心卡盘上卡爪进行识别和正确的安装。

8. 能正确描述普通车床各操作手柄的使用方法和作用。

9. 能检查机床功能完好情况，按操作规程进行加工前润滑、预热等准备工作。

10. 能按车间现场管理要求，整理现场，保养机床，并填写保养记录。

建议学时：12 学时。

学习过程

一、车削和车床的认知

（一）车削加工的认知

1. 我们在平时都会用水果刀削苹果（图 1—2—1、图 1—2—2），削苹果时苹果可作旋转运动，水果刀沿着某一方向进给。想一想车床加工零件（图 1—2—3）和用水果刀削苹果的异同。通过观看视频或查阅相关资料，说明要实现车削加工必不可少的两种运动是什么?

图 1—2—1　削苹果

图 1—2—2　削苹果专用环形水果刀

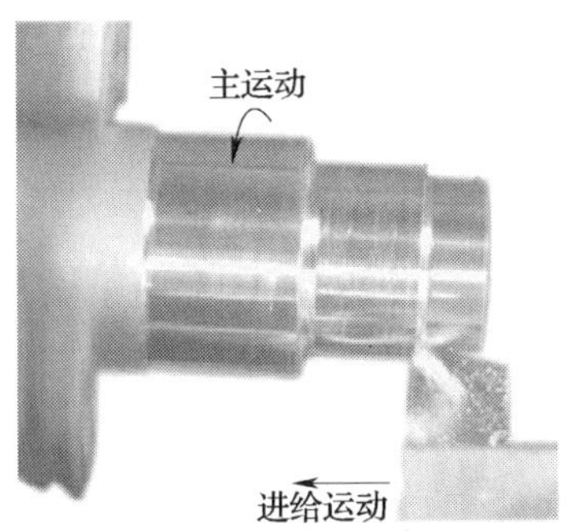

图 1—2—3　车床加工零件

2. 通过观看视频或查阅资料，回答表 1—2—1 各图分别反映的是车床的什么工作内容，工件和刀具分别作什么运动?

表 1—2—1　车床的加工内容

序号	图片	加工内容描述
1		工件作旋转运动，刀具作纵向进给运动，对工件的外圆进行车削

续表

序号	图片	加工内容描述
2		
3	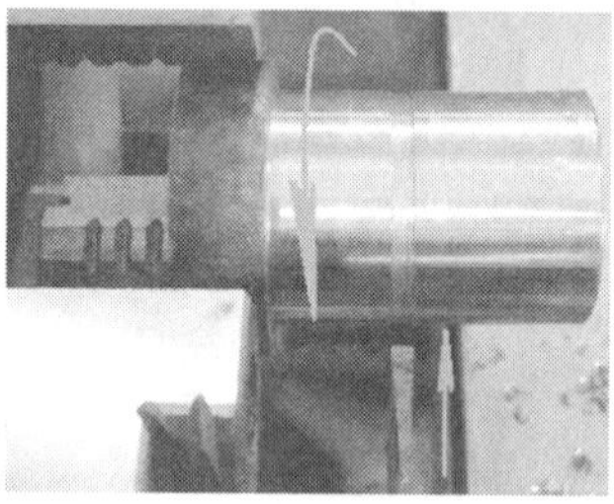	
4		
5		
6		

续表

序号	图片	加工内容描述
7	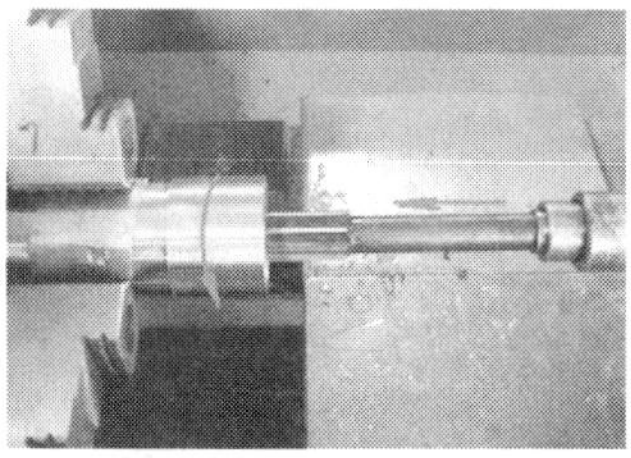	
8		
9		
10		
11		

续表

序号	图片	加工内容描述
12	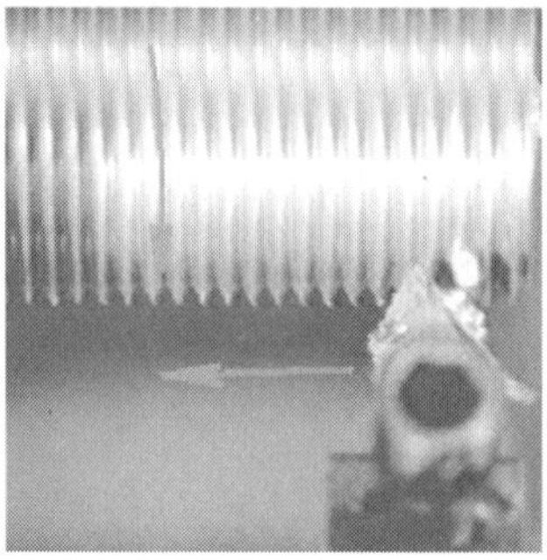	
13		
14		

（二）车床的认知

1. 请指出图 1—2—4 中，CA6140 型车床各部分的名称和作用。

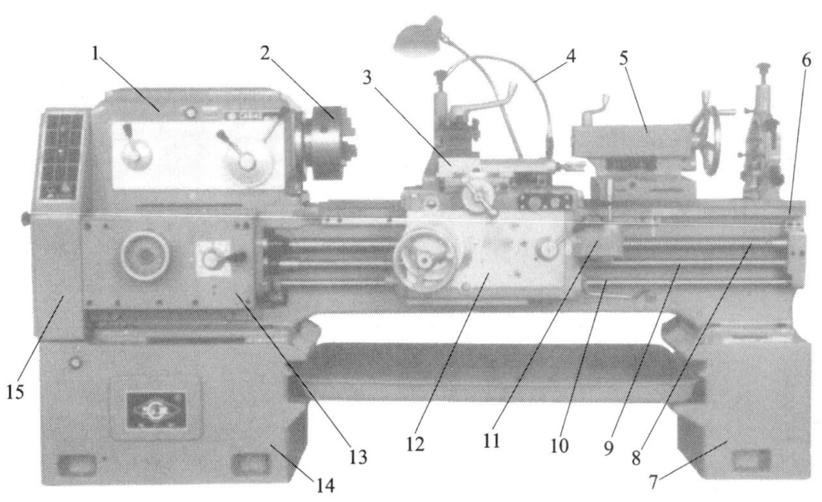

图 1—2—4　CA6140 型车床

表 1—2—2　CA6140 型车床各部分的名称和功能

序号	名称	功能
1		
2		
3		
4		
5		
6		
7		
8		
9		
10		
11		
12		
13		
14		
15		

2. 由图 1—2—5 说明普通车床是怎样通过电动机驱动传动系统，最后带动工件和刀具运动的？

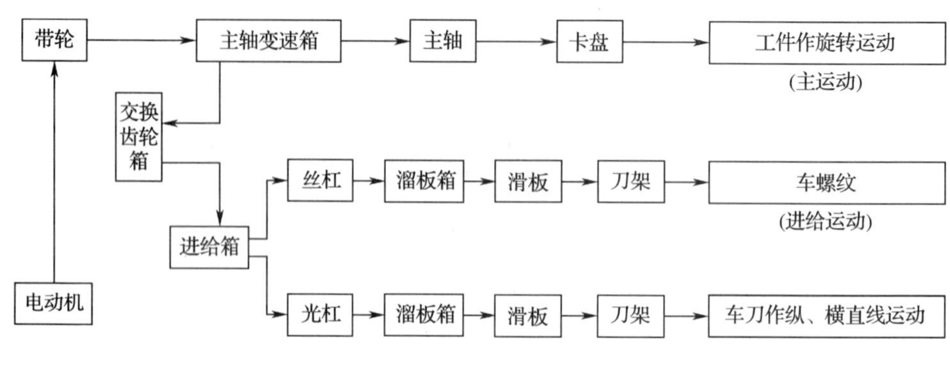

图 1—2—5　CA6140 型车床的传动系统方框图

3. 在加工车削类零件时，首先要选择合适的车床，而这些可以从车床的主要技术参数中明确。通过查阅 CA6140 型车床使用手册等资料，在课上讨论 CA6140 型卧式车床的主要技术参数（表 1—2—3）是怎样的。

表 1—2—3　　CA6140 型卧式车床的主要技术参数

主要技术参数	主要技术参数值
床身上工件最大回转直径 D	
中心高 H	
最大工件长度	
最大车削长度	
小滑板最大车削长度	
尾座套筒的最大移动长度	
主轴内孔直径	
主轴转速（正、反转）	

二、车床常用夹具及工具的认知

（一）车床常用夹具的认知

1. 在车削加工过程中，一般用卡盘装夹工件，回想一下你在参观车间时见过图 1—2—6 所示的两种卡盘吗？查阅资料说明这两种卡盘的类型及其装夹零件的类型。

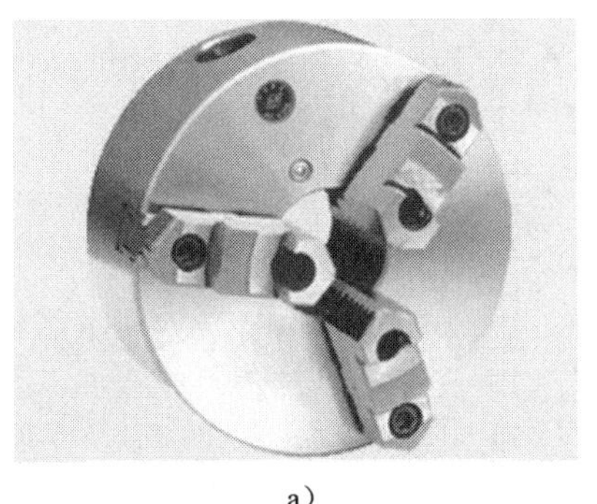

a）

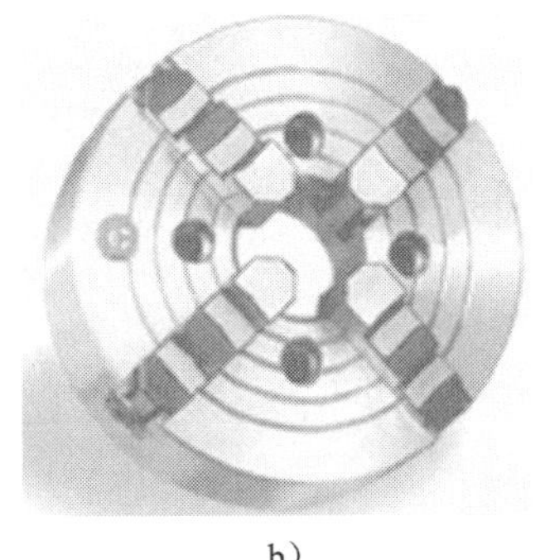

b）

图 1—2—6　两种卡盘

a）图所示卡盘的类型：________________________________；

装夹零件的类型：________________________________；

b）图所示卡盘的类型：________________________________；

装夹零件的类型：________________________________。

2. 查阅资料并结合图 1—2—7、图 1—2—8 和图 1—2—9 具体描述利用三爪自定心卡盘装夹工件的方法和注意事项。

图 1—2—7　转动卡盘扳手松开卡爪

图 1—2—8　测量工件的伸出长度

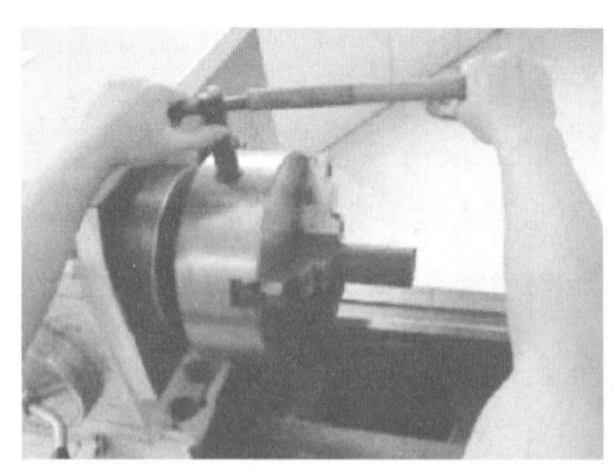

图 1—2—9　用三爪自定心卡盘夹紧工件

（二）车床常用工具的认知

在车床操作过程中，经常要用到一些工具，如图 1—2—10 所示。请按对应关系，将它们连接起来。

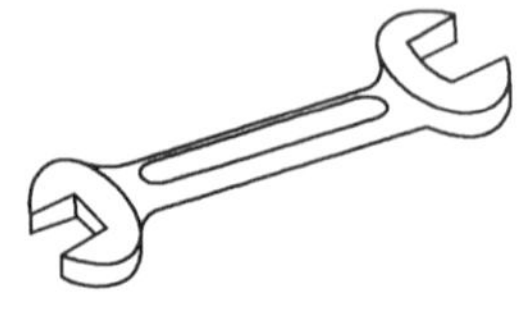

呆扳手：松紧固定的六角螺母

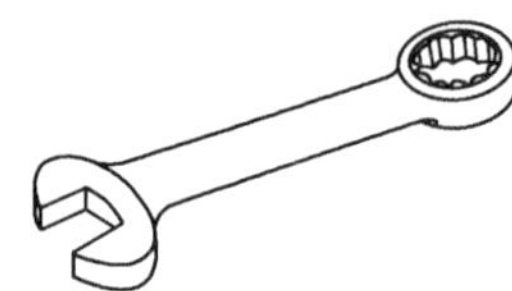

梅花扳手：松紧梅花螺母

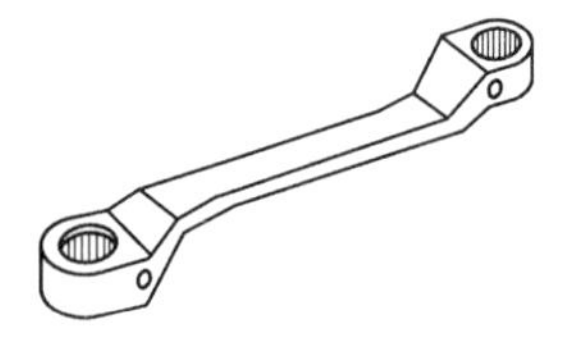

活扳手：松紧任意的六角螺母

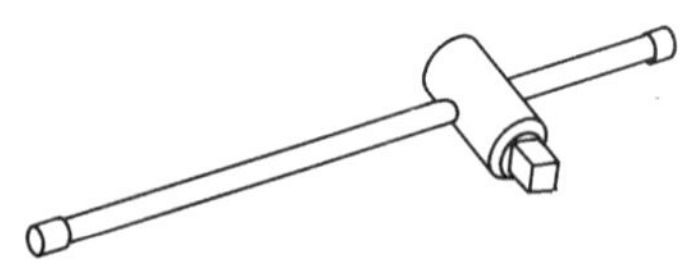

套筒扳手：松紧套筒的六角螺母

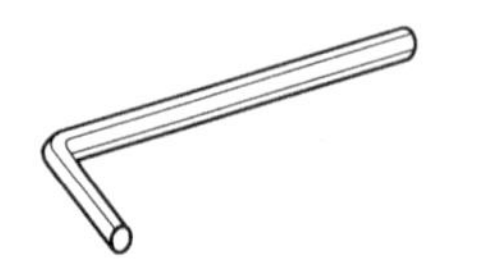

卡盘扳手：松紧卡盘

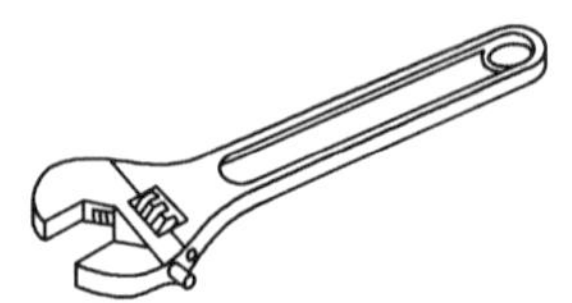

内六方扳手：松紧内六方螺母

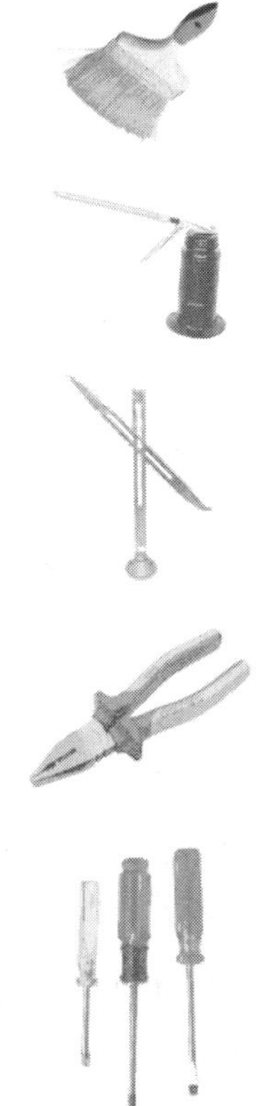

刷子：清除铁屑或垃圾

划针盘：找正零件

钳子：钳类工具

油枪：装润滑油

旋具：松紧旋具

图 1—2—10　常用工具

三、车床的操作练习

1. 按照下表提示进行车床的启动操作练习。

表 1—2—4　车床的启动操作练习

图示	操作方法
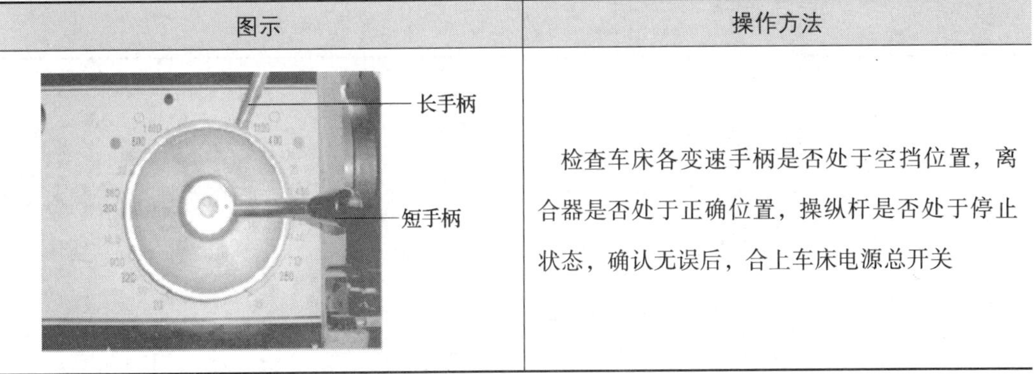	检查车床各变速手柄是否处于空挡位置，离合器是否处于正确位置，操纵杆是否处于停止状态，确认无误后，合上车床电源总开关

续表

图示	操作方法
	按下床鞍上的绿色启动按钮，电动机启动
	向上提起溜板箱右侧的操纵杆手柄，主轴正转；操纵杆手柄回到中间位置，主轴停止转动；操纵杆手柄下压，主轴反转 主轴正、反转的转换要在主轴停止转动后进行，避免因连续转换操作使瞬间电流过大而发生电气故障
	按下床鞍上的红色停止按钮，电动机停止工作

2. 进给箱的变速操作练习。

CA6140 型车床进给箱正面左侧有一个手轮，手轮有 8 个挡位；右侧有前、后叠装的两个手柄，前面的手柄是丝杠、光杠变换手柄，后面的手柄有Ⅰ、Ⅱ、Ⅲ、Ⅳ 4 个挡位，用来与手轮配合，用以调整螺距和进给量。

根据加工要求调整所需螺距和进给量时，可通过查找进给量油池盖上的调配表来确定手轮和手柄的具体位置。

(1) 确定纵向进给量为 0.1 mm/r，其手柄、手轮位置，并调整之。

表 1—2—5　纵向进给量调整练习

图　示	各手柄位置
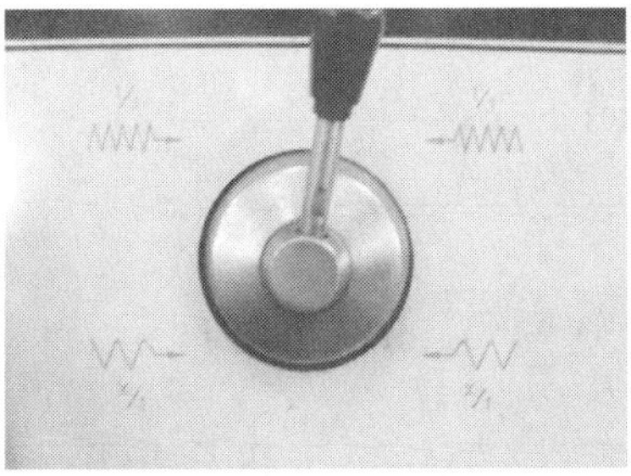	名称：__________ 手柄作用：__________ 手柄位置__________
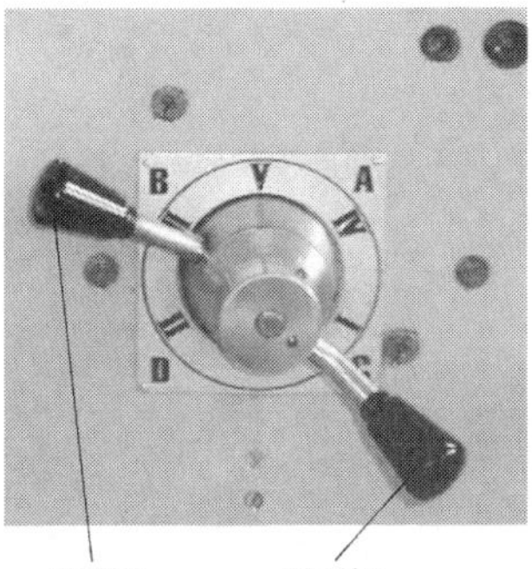 后手柄　前手柄	名称：__________ 手柄作用：__________ 后手柄位置：__________ 前手柄位置：__________
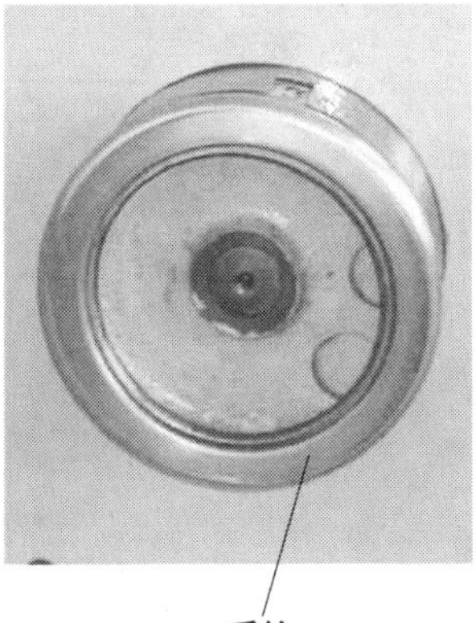 手轮	名称：__________ 手轮作用：__________ 手轮位置：__________ __________

（2）确定车削螺距为 1 mm 米制螺纹时，进给箱上手轮和手柄的位置，并调整之。

表 1—2—6 车削螺纹进给箱操作练习

图示	各手柄位置
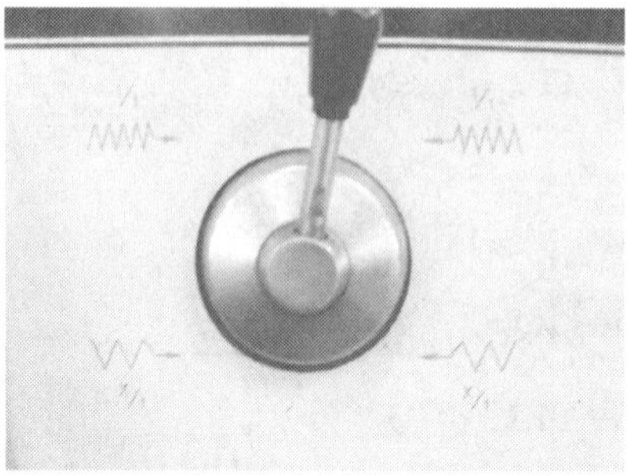	手柄位置：________ ________________
 长手柄 短手柄	名称：________ 手柄作用：________ 长手柄：________ 短手柄：________
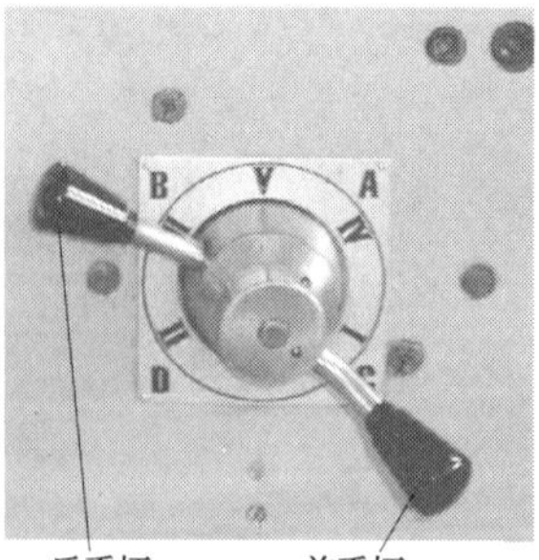 后手柄 前手柄	后手柄：________ 前手柄：________
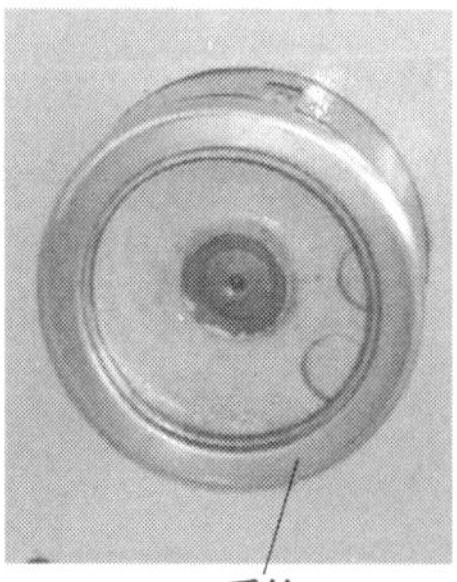 手轮	进给变速手轮：______ ________________ ________________

3. 溜板部分的手动操作。

床鞍及溜板箱的纵向移动由溜板箱正面左侧的大手轮控制。顺时针方向转动手轮时，床鞍及溜板箱向右运动；逆时针方向转动手轮时，床鞍及溜板箱向左运动。手轮轴上的刻度盘圆周等分 300 格，手轮每转过 1 格，床鞍及溜板箱纵向移动 1 mm。

中滑板的横向移动由中滑板手柄控制。顺时针方向转动手柄时，中滑板向远离操作者方向运动（即横向进刀）；逆时针方向转动手柄时，中滑板向靠近操作者方向运动（即横向退刀）。中滑板丝杠上的刻度盘圆周等分 100 格，手柄每转过 1 格，中滑板横向移动 0.05 mm。

小滑板在小滑板手柄控制下可作短距离的纵向移动。小滑板手柄顺时针方向转动时，小滑板向左运动；小滑板手柄逆时针方向转动时，小滑板向右运动。小滑板丝杠上的刻度盘圆周等分 100 格，手柄每转过 1 格，小滑板纵向（或斜向）移动 0.05 mm。

按下表要求写出床鞍刻度盘、中滑板刻度盘、小滑板刻度盘的转动方法，并操作之。

表 1—2—7　　溜板箱手动操作练习

图示	使用方法
	床鞍向左纵向进给 100 mm，床鞍刻度盘________时针转过________格
	中滑板横向进给 1 mm，中滑板刻度盘________时针转过________格
	小滑板向左纵向进给 1 mm，小滑板刻度盘________时针转过________格

4. 根据图示完成三爪自定心卡盘卡爪的拆装，填写拆装技术要点和心得体会。

表 1—2—8 三爪自定心卡盘卡爪的拆装

拆装过程	
 →  →  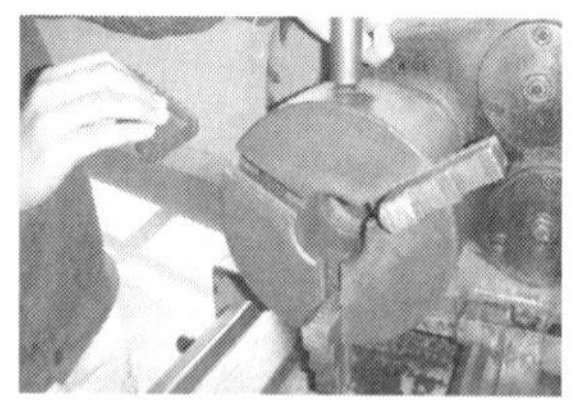 → 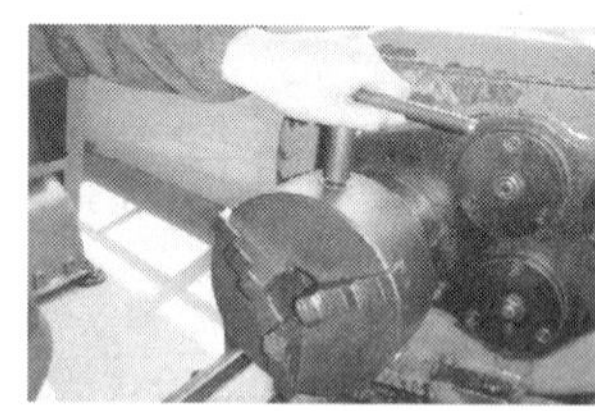 → 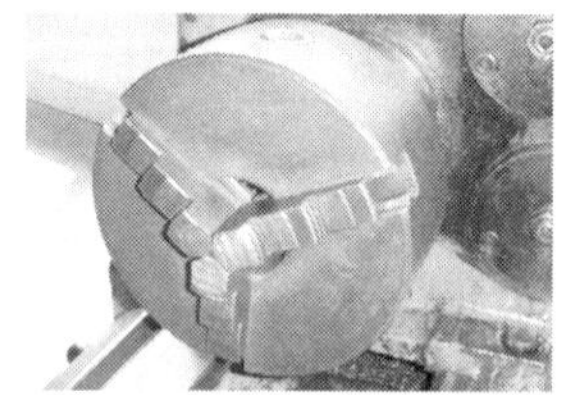	
拆装体会	

操作提示

- 安装卡爪时要注意卡爪上的号码并按顺序装配；
- 工具使用后放回原位。

5. 根据图示完成卡盘的拆卸，填写拆装技术要点和心得体会。

表 1—2—9 三爪自定心卡盘的拆卸

卡盘拆装过程：
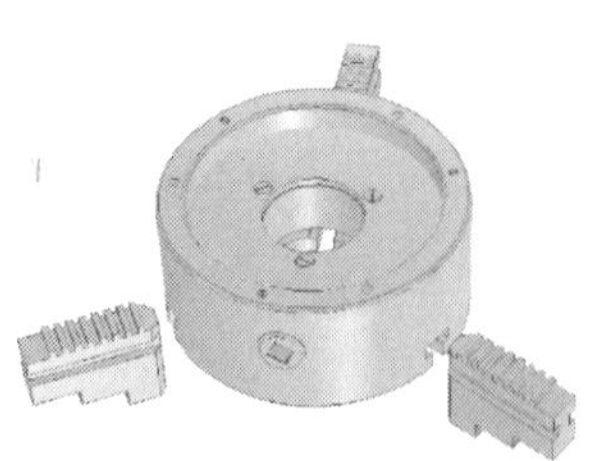 → 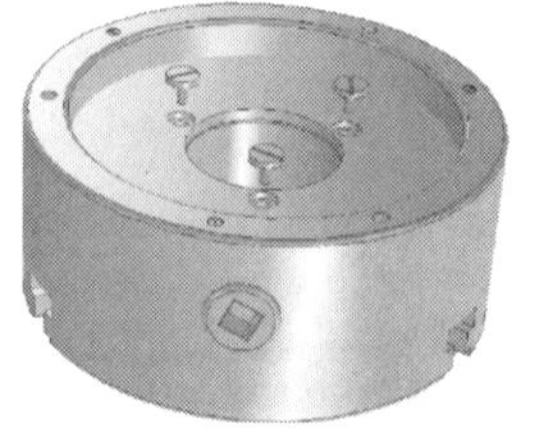 → 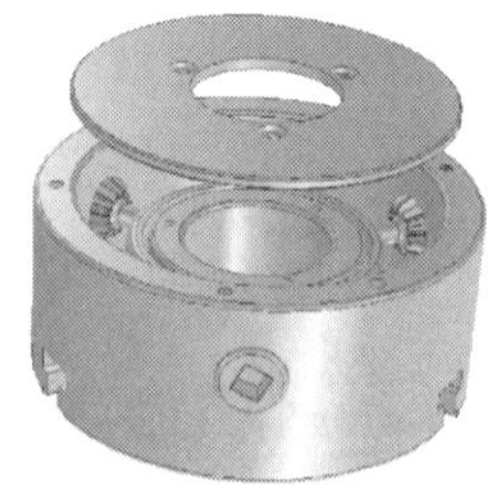

续表

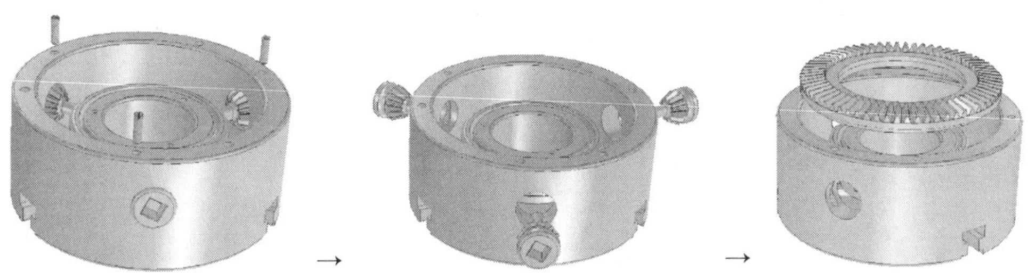

拆装体会	

四、车床的润滑和保养

1. 常用的车床润滑方式有油绳导油润滑、弹子油杯注油润滑、黄油杯润滑、油泵输油润滑等，看图 1—2—11 说明以下都采用了什么润滑方式?

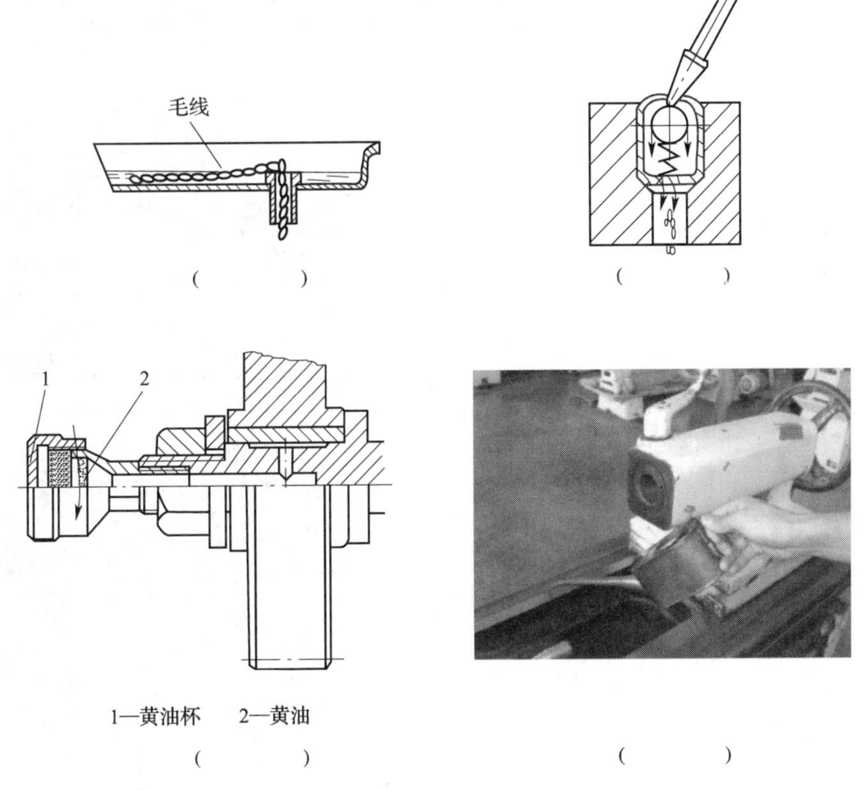

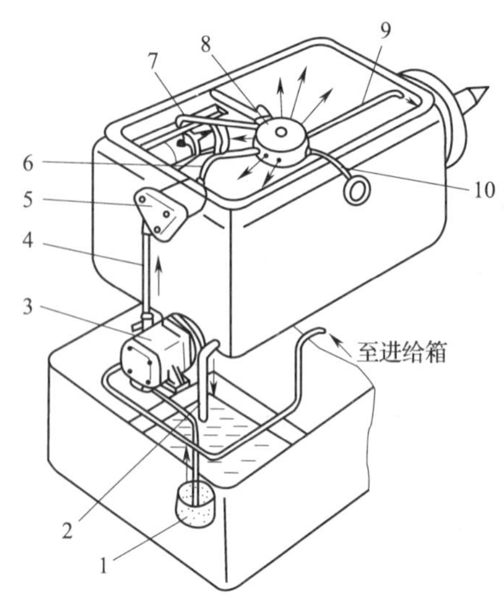

1—网式滤油器　2—回油管　3—油泵　4、6、7、9、10—油管　5—过滤器　8—分油器

（　　　　　　）

图 1—2—11　润滑方式

2. 填写下表擦拭、润滑车床的步骤。

表 1—2—10　　　　　　擦拭、润滑车床练习

步骤	图例

续表

步骤	图例
	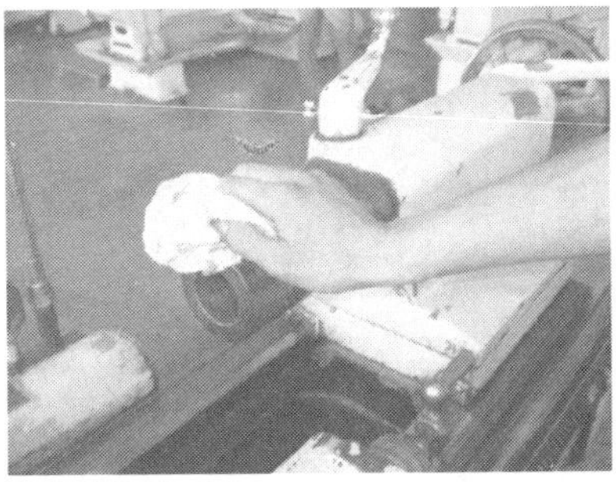

续表

步骤	图例
	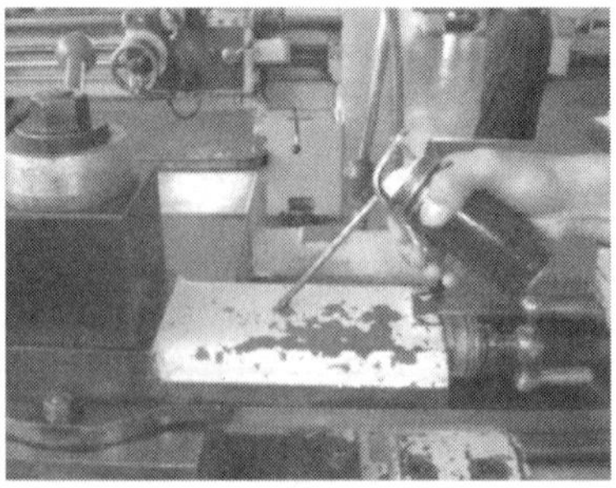

	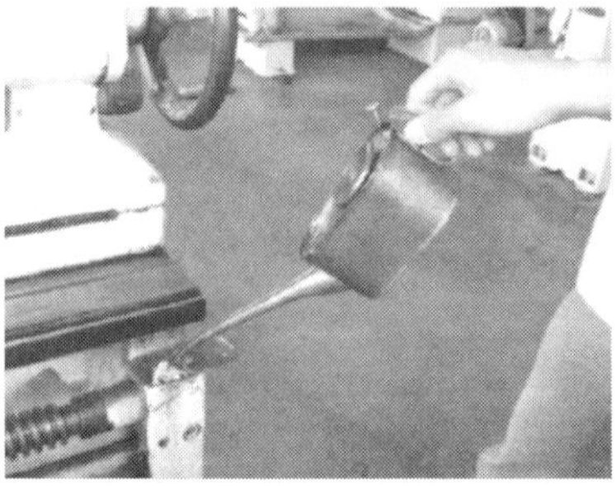

3. 根据润滑系统标牌，填写 CA6140 型车床润滑系统的润滑要求。

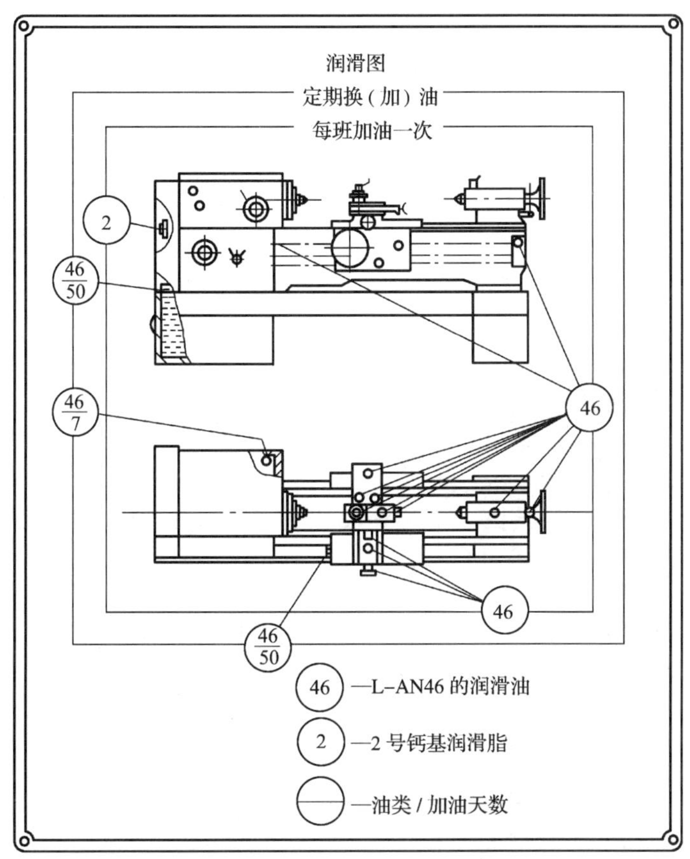

图 1—2—12　CA6140 型车床润滑系统

表 1—2—11　CA6140 型车床润滑系统的润滑要求

周期	数字	意义	符号	含义	润滑部位	数量
每班	整数形式	“○”中数字表示润滑油牌号，每班加油 1 次	②			
			㊻			
经常性	分数形式	“(分子/分母)”中分子表示润滑油牌号，分母表示两班制工作时换（添）油间隔的天数（每班工作时间为 8 h）	(46/7)			
			(46/50)			

安全提示

车床安全操作规程

1. 工作时应穿工作服、戴袖套。女同学应戴工作帽，将长发塞入帽子里。夏季禁止穿裙子、短裤和凉鞋上机操作。

2. 工作时，头不能离工件太近，以防切屑飞入眼中。为防切屑崩碎飞散，必须戴防护眼镜。

3. 工作时，必须集中精力，注意手、身体和衣服不能靠近正在旋转的机件，如工件、带轮、皮带、齿轮等。

4. 工件和车刀必须装夹牢固，否则会飞出伤人。装夹好工件后，卡盘扳手必须随即从卡盘上取下。

5. 凡装卸工件、更换刀具、测量加工表面及变换速度时，必须先停车。

6. 车床运转时，不得用手去摸工件表面，尤其是加工螺纹时，严禁用手摸螺纹面，以免伤手。严禁用棉纱擦抹转动的工件。

7. 使用专用铁钩清除切屑，绝不允许用手直接清除。

8. 在车床上操作不准戴手套。

9. 毛坯长料从主轴孔尾端伸出不得太长，并应使用料架或挡板，防止甩弯后伤人。

10. 不准用手去刹住转动着的卡盘。

11. 不要随意拆装电气设备，以免发生触电事故。

12. 工作中若发现机床、电气设备有故障，应及时申报，由专业人员检修，未修复不得使用。

学习活动3　工作总结与评价

学习目标

1. 能结合自身任务完成情况，正确规范撰写工作总结（心得体会）。

2. 能按分组情况，分别派代表展示工作成果，说明本次任务的完成情况，并作分析总结。

3. 能就本次任务中出现的问题，提出改进措施。

4. 能对学习与工作进行反思总结，并能与他人开展良好合作，进行有效的沟通。

建议学时：4 学时。

学习过程

、个人、小组评价

在小组内每个人先对任务完成情况进行评价总结，再由小组推荐代表向全班作小组总结。评价完成后，根据其他组成员对本组的评价意见进行归纳总结，完成自评总结的撰写。

自评总结（心得体会）

二、教师评价

教师对各小组任务完成情况分别作评价。

（1）找出各组的优点进行点评。

（2）对任务完成过程中各组的缺点进行点评，提出改进方法。

（3）对整个任务完成中出现的亮点和不足进行点评。

评价与分析

任务评价表

班级＿＿＿＿＿　学生姓名＿＿＿＿＿　学号＿＿＿＿＿

项目	自我评价			小组评价			教师评价		
	10～9	8～6	5～1	10～9	8～6	5～1	10～9	8～6	5～1
	占总评10%			占总评20%			占总评70%		
学习活动1									
学习活动2									
学习活动3									
安全文明									
操作规范性									
协作精神									
纪律观念									
工作态度									
学习主动性									
工作页质量									
小计									
总评									

任课教师：　　　　　　　　年　　月　　日

学习任务二　车削传动轴

学习目标

1. 能独立阅读传动轴的生产任务单，明确工时、加工数量等要求，说出所加工零件的用途、功能和分类。

2. 能识读图纸和工艺卡，查阅相关资料并计算，明确加工技术要求，明确加工工艺。

3. 能识别常用刀具材料（如高速钢、硬质合金），根据零件材料和形状特征，通过查阅切削手册和刀具手册合理选择刀具。

4. 能根据传动轴材料、刀具材料、加工性质等因素，查阅切削手册，确定切削三要素中的切削速度、每转进给量和背吃刀量，并能运用切削速度计算公式，计算相应的转速。

5. 能根据现场条件，查阅相关资料，确定符合加工技术要求的工、量、夹具，辅件及切削液。

6. 能应用刀具角度知识，说明车刀角度参数的含义、表示方法及对切削性能的影响；在刀具几何角度示意图中用规范的标识符号，标注出相应角度，并在实物中判别其位置。

7. 能根据刀具的材料选择合适的砂轮，按照规范的刃磨方法，安全地刃磨车刀。

8. 能按传动轴的图样要求，测量毛坯外形尺寸，判断毛坯是否有足够的加工余量。

9. 能检查机床功能完好情况，按操作规程进行加工前机床润滑、预热等准备工作。

10. 能正确装夹工件和车刀。

11. 在加工传动轴过程中，能严格按照车床操作规程操作车床，按工步切削传动轴；根据切削状态调整切削用量，保证正常切削；适时检测，保证精度。

12. 能进行自检，判断零件是否合格。

13. 能按照国家的环保相关规定和车间要求，正确处置废油液等废弃物。

14. 能按车间现场管理规定，正确放置零件。

15. 能按产品工艺流程和车间要求，进行产品交接并确认。

16. 能按车间规定填写交接班记录。

17. 能主动获取有效信息，展示工作成果，对学习与工作进行总结反思，能与他人合作，进行有效沟通。

建议学时

30 学时。

工作情境描述

公司业务部门接到一个传动轴的订单，数量为 50 件，工期为 5 天，来料加工，加工件尺寸见图样。现生产部门安排我车工组完成此任务的车削内容。

工作流程与活动

1. 传动轴的工艺分析（6 学时）
2. 工、量、夹、刃具的准备（4 学时）
3. 传动轴的加工（16 学时）
4. 传动轴的测量及误差分析（2 学时）
5. 工作总结与评价（2 学时）

学习活动1　传动轴的工艺分析

学习目标

1. 能阅读传动轴生产任务单，识读加工工艺卡，明确加工工步、工时和加工数量等要求，说出所加工传动轴的用途和分类。

2. 能识读传动轴图样，明确加工要求，包括结构特点、热处理要求及几何公差要求。

3. 能按要求正确规范地完成本次学习活动工作页的填写。

建议学时：6学时。

学习过程

一、阅读生产任务单，明确加工任务

表2—1—1　生产任务单

编号：2－001

需方单位名称		×××企业		完成日期	年　月　日	
序号	产品名称	材料	数量	技术标准、质量要求		
1	传动轴	45钢	50件	按图样要求		
2						
3						
4						
生产批准时间		年　月　日	批准人			
通知任务时间		年　月　日	发单人			
接单时间		年　月　日	接单人		生产班组	车工组

1. 请根据生产任务单，明确完成的数量和时间，正确填写在下面。

传动轴的完成数量：______件

传动轴的完成日期：______年______月______日

2. 描述接受工作任务单的流程。

3. 想一想，在生活中什么场合能见到传动轴？传动轴有哪些用途和分类？

图 2—1—1　传动轴

二、识读零件图

Ra 0.8
φ0.02 A
3×0.5
C1
A
6D−28×24×6
φ20±0.007
φ18 0 -0.012
15
9.5
24 +0.44 0
20 +0.44 0
36
118
Ra 1.6
φ23.4
6 -0.01 -0.04
Ra 3.2
φ28 -0.02 -0.04
14.8 0 -0.12
5 0 -0.04
Ra 6.3 (√)
技术要求：
1. 两端面外圆 φ20与花键 φ28的同轴度允许误差为0.02；
2. 花键的等分积累误差，键侧对轴心线偏移和歪斜允许误差均为0.03；
3. 热处理：两处 φ20 的长度高频淬火，55～58HRC；
4. 未注倒角：C0.5。
制图
年 月 日
45钢
××企业
校核
比例
传动轴
审核
共1张
第1张
2-001

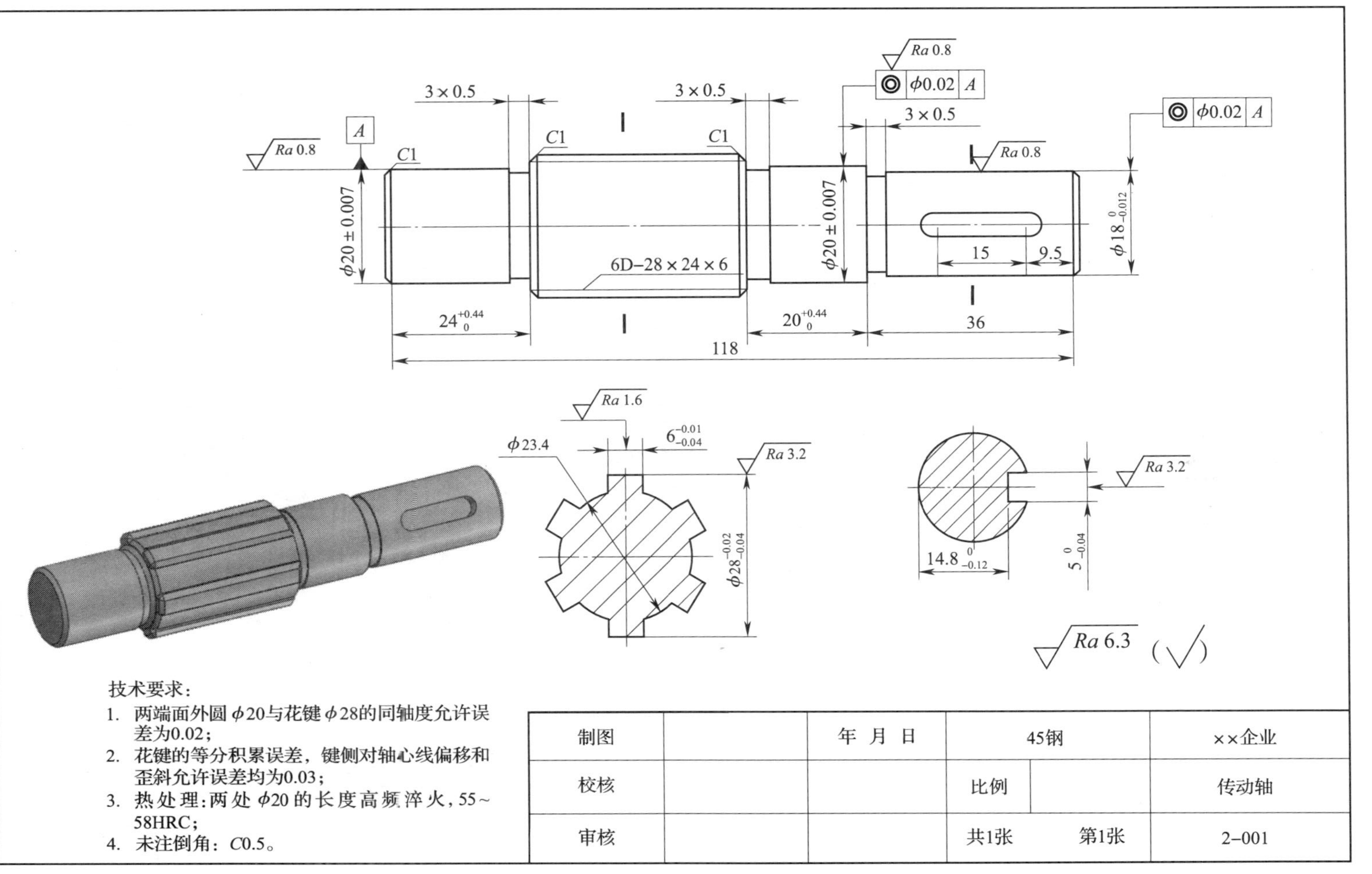

图 2—1—2 传动轴图样

1. 传动轴花键部分有什么作用？是用什么设备加工花键的？

图 2—1—3　传动轴花键部分

2. 传动轴键槽部分有什么作用？是用什么设备加工键槽的？

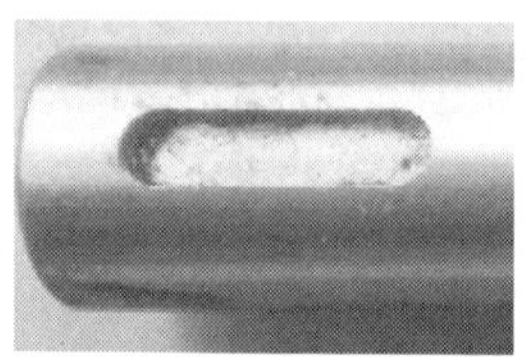

图 2—1—4　传动轴键槽部分

3. 外圆槽 3 mm × 0.5 mm 有什么作用，用什么刀具来加工？

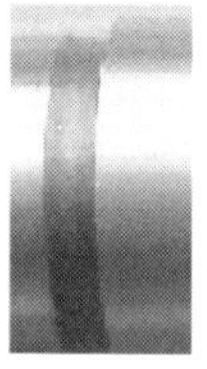

图 2—1—5　传动轴外圆槽部分

4．生产任务单和图样中明确加工的材料为：45 钢，请问 45 钢属于什么材料？属于什么钢？含碳量为多少？

5．两处外圆 $\phi20\pm0.007$mm 有什么作用？高频淬火有什么目的，什么时候进行高频淬火？

6．传动轴图样中有什么几何公差？你将采取哪些措施保证这些几何公差？

三、识读工艺卡（表2—1—2）

表2—1—2　　工艺卡

（单位名称）	施工工艺卡	产品名称		图号	2－001			
		零件名称	传动轴	数量	50			第 1 页
材料种类	中碳钢	材料成分	45 钢	毛坯尺寸	ϕ30 mm×123 mm			共 1 页
工序号	工序内容	车间	设备	夹具	量具	刃具	计划工时	实际工时
01	下料 ϕ30 mm×123 mm 棒料	下料	锯床	平口钳	钢尺	锯条	20 min	
10	取总长，钻中心孔	车	车床	卡盘、顶尖、鸡心夹头	千分尺、卡尺等	外圆车刀、中心钻、车槽刀	10 min	
20	一夹一顶，粗车各级外圆	车	车床				30 min	
30	两顶尖，半精车各级外圆	车	车床				30 min	
40	铣削花键和键槽	铣	铣床		铣刀		90 min	
50	热处理	热	高频机		感应圈			
60	磨外圆	磨	外圆磨床				40 min	
70	检验	检验室		平板、跳动量仪	游标卡尺、千分尺、百分表、磁力表座			
更改号		拟定		校正	审核		批准	
更改者								
日　期								

1. 从工艺卡记录中可以看出，传动轴从下料到完成共有 8 个工序，查阅资料回答什么叫工艺，什么叫工序。

2. 结合工艺卡和前面所学知识，分析哪些工序需要在车床上完成。

3. 加工工艺卡的工序30为半精车各级外圆，分析图2—1—6所示的外圆车削，回答什么运动是主运动，什么运动是进给运动。

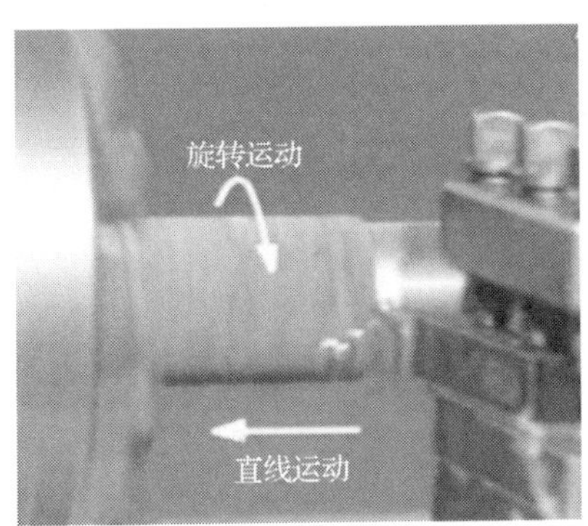

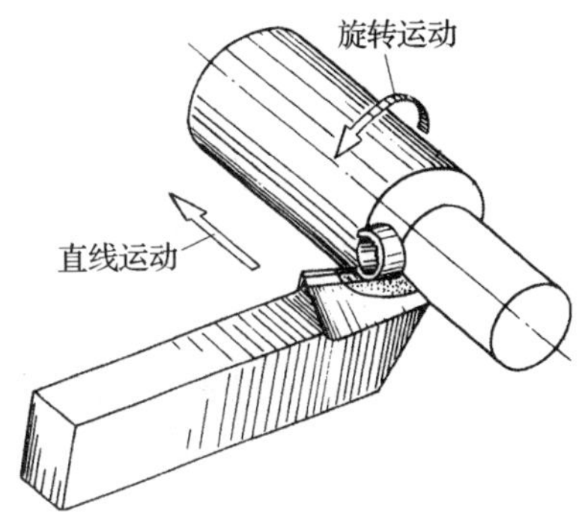

图2—1—6 车削运动

主运动：

进给运动：

4. 查阅资料并讨论为什么将热处理工序放在车削和铣削键槽之后，磨削外圆之前。

5．结合工艺卡记录的刃具，完成下面内容。

（1）填写表2—1—3中刀具的用途。

表2—1—3 刀具的用途

名称	简图	用途
90°外圆车刀		
45°车刀		
切断刀（车槽刀）		

（2）车刀材料的性能决定了可以车削加工的零件类型，请通过查阅资料，说明车刀材料分哪几类，如何识别车刀的材料。

6．在工艺卡的量具栏目中用到千分尺。查阅资料完成下面内容。

（1）请通过互联网或工具书籍查阅千分尺的结构并正确填写结构名称。

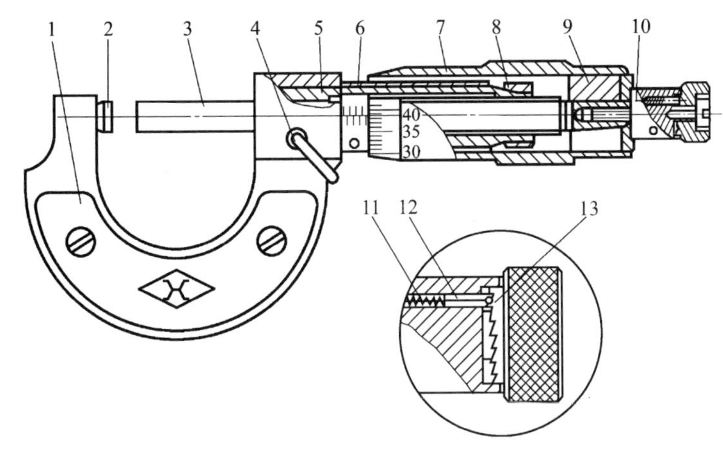

图 2—1—7　千分尺结构

1：__________　2：__________　3：__________　4：__________　5：__________

6：__________　7：__________　8：__________　9：__________　10：__________

11：__________　12：__________　13：__________

（2）千分尺按用途分为哪几类?

（3）千分尺的测量精度可以精确到多少 mm 以内？按测量范围分可分为几种规格？如何选取适合的千分尺?

7．在两顶尖间车削时，用到顶尖和鸡心夹头，填写它们的用途和特点。

表 2—1—4　　顶尖和鸡心夹头

名称		简图	用途和特点
前顶尖			
后顶尖	活顶尖		
	固定顶尖	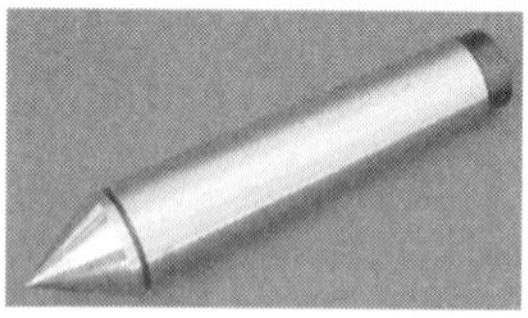	
鸡心夹头			

8．查阅资料，填写表 2—1—5 中心孔的应用场合及中心钻的区别。

表 2—1—5　　中心孔的应用场合及中心钻的区别

名称	中心孔简图	应用场合	中心钻的区别
A 型中心孔	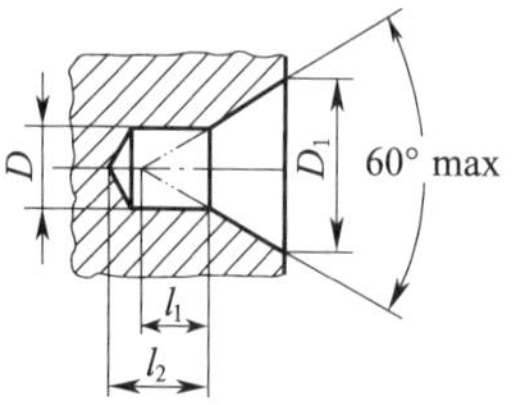 D　D_1　60° max　l_1　l_2		
B 型中心孔	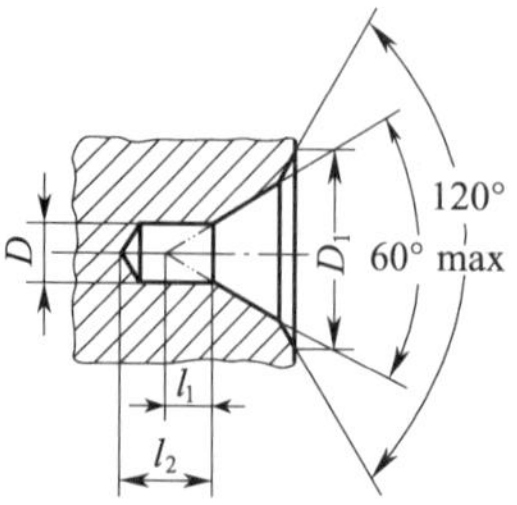 D　D_1　120°　60° max　l_1　l_2		

续表

名称	中心孔简图	应用场合	中心钻的区别
C 型中心孔	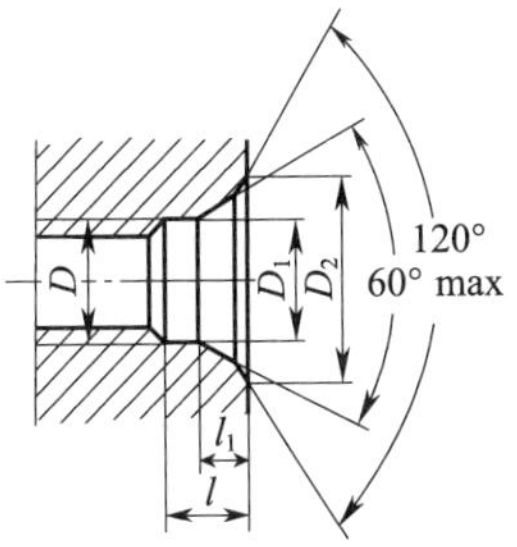 120° 60° max D　D_1　D_2　l_1　l		
R 型中心孔	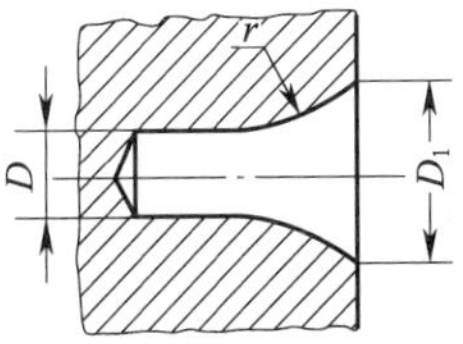 r D　D_1		

9．请在以下位置抄绘传动轴零件图。注意：（1）选择合适的比例。（2）布局合理。（3）线型和尺寸标注符合国家标准。（4）满足制图的其他规范和标准。

学习活动2　工、量、夹、刃具的准备

学习目标

1. 能按要求准备车削传动轴的工、量、夹、刃具，并能正确填写工具表单。

2. 能根据传动轴测量要求，正确选择千分尺并进行正确读数和校对。

3. 能应用刀具角度知识，说明车刀角度参数的含义、表示方法及对切削性能的影响；在刀具几何角度示意图中用规范的标识符号，标注出相应角度，并在实物中判别其位置。

4. 能根据刀具的材料选择合适的砂轮，按照规范的刃磨方法，安全地刃磨车刀。

5. 能按要求正确规范地完成本次学习活动工作页的填写。

建议学时：4学时。

学习过程

一、领取工量刃具

1. 查阅资料完成表2—2—1。

表 2—2—1　　各种工具用途

名称	图形	用途和应用场合
划针盘	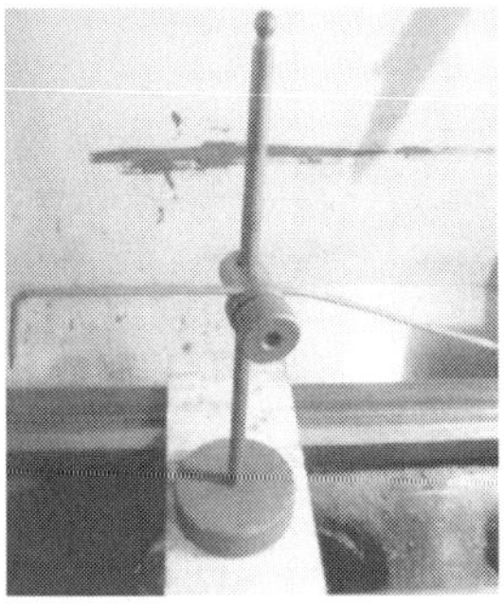	
呆扳手		
胶手锤	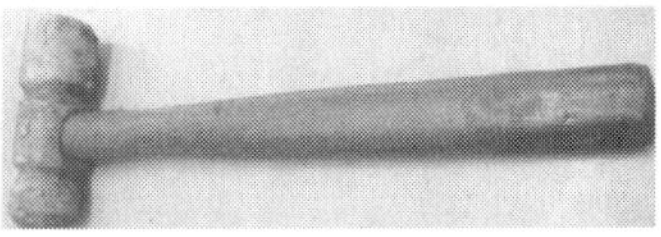	
莫氏锥柄夹头		
垫片	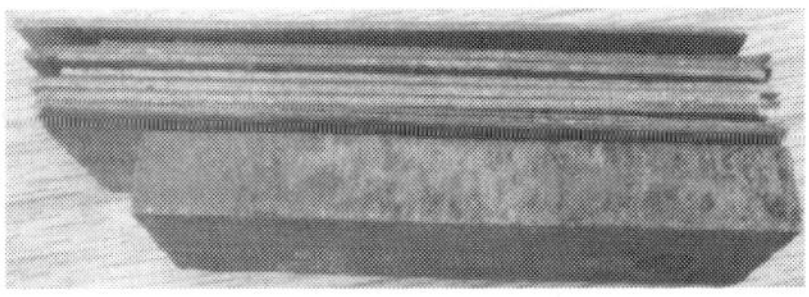	
千分尺	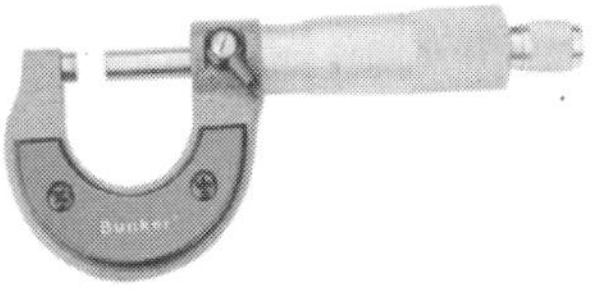	
铁屑钩	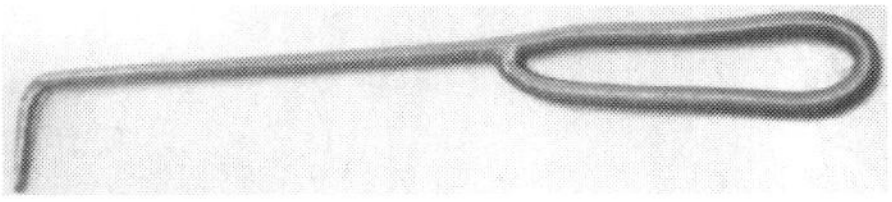	

2. 在教师指导下，结合工艺卡，填写需领取的工量刃具清单。

表 2—2—2 工量刃具清单

序号	工、量、刃具名称	规格	数量	需领用

3. 观察领取的千分尺，查阅相关资料，正确读出图示千分尺的数据。

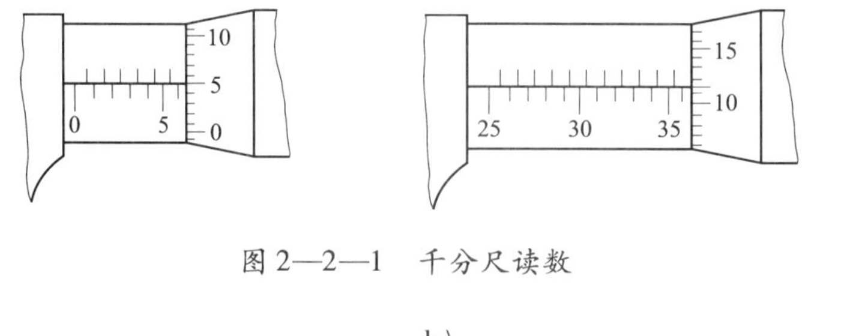

图 2—2—1 千分尺读数

a）________________ b）________________

4．在开始测量前，需要校验千分尺本身是否存在偏差，这样才能保证千分尺的精度，那么校验量具的工具有哪些，又如何校验?

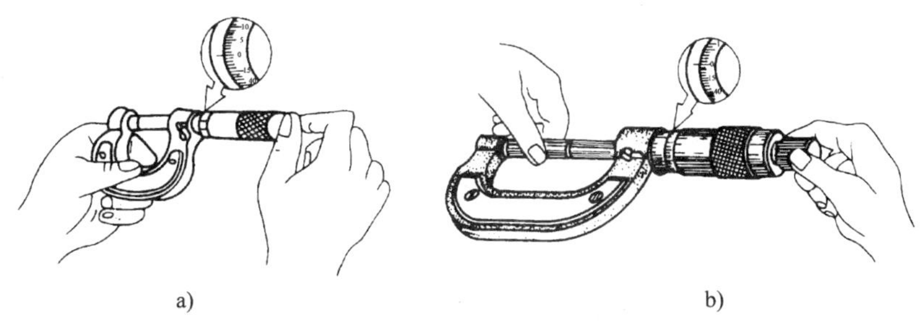

图 2—2—2　千分尺校零示意图

二、刃具的准备

1．观察领取的车刀。以90°硬质合金车刀为例，分析下图，查阅相关资料完成下面内容。

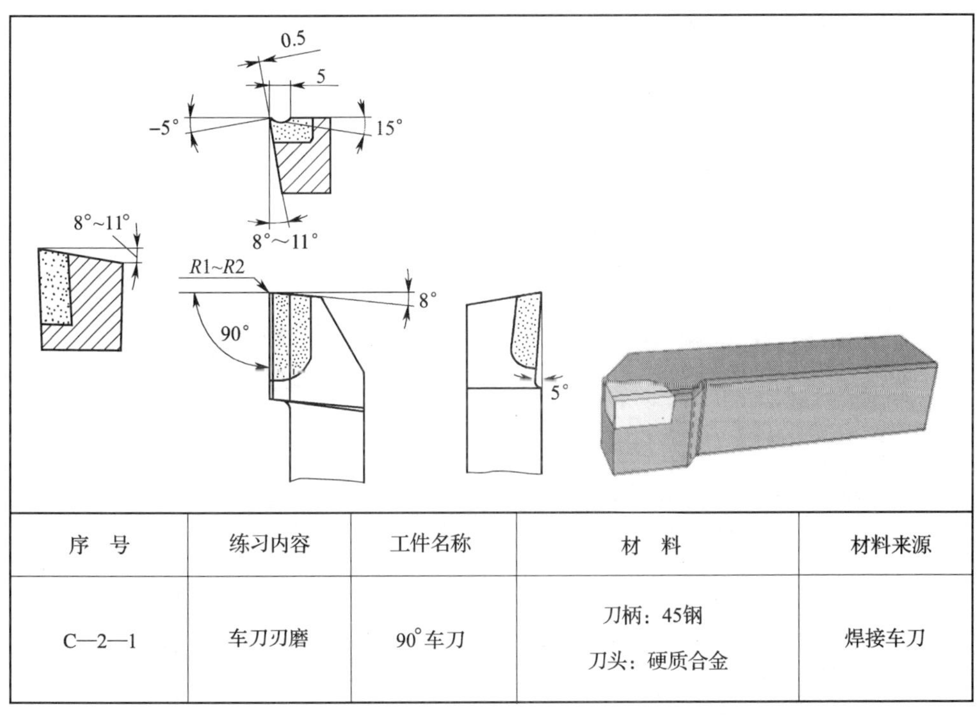

序　号	练习内容	工件名称	材　料	材料来源
C—2—1	车刀刃磨	90°车刀	刀柄：45钢 刀头：硬质合金	焊接车刀

图 2—2—3　90°外圆车刀

（1）填写90°外圆车刀结构。

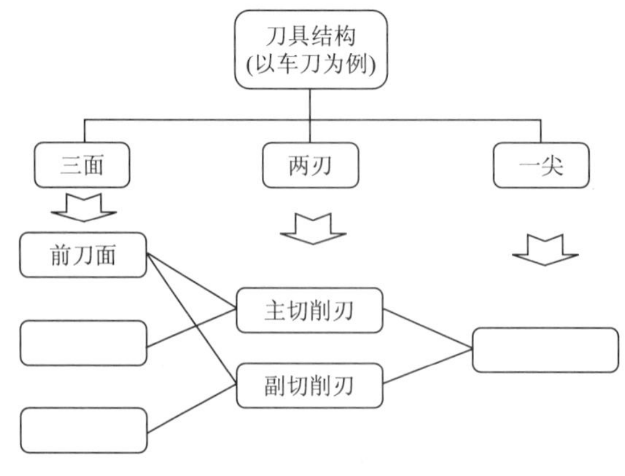

图2—2—4 90°外圆车刀结构

（2）想一想，车削时，车刀切削部分的工作温度高吗？有没有受到强烈的摩擦？需不需要承受大的切削力和冲击？试着描述一下车刀切削部分材料应具备的性能。

（3）在应用车刀进行零件加工时，车刀的角度起到了很大的作用，请结合下面的图形，说明90°外圆车刀主要保证的刀具角度是什么，在哪些基准坐标平面中测量。

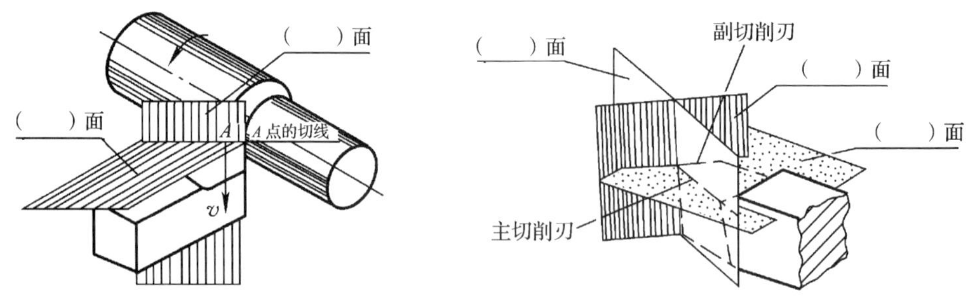

图2—2—5 基准坐标平面

前角 γ_o：__________与__________的夹角，在__________面中测量。

主后角 α_o：__________与__________的夹角，在__________面中测量。

主偏角 κ_r：__________与__________的夹角，在__________面中测量。

副偏角 κ_r'：__________与__________的夹角，在__________面中测量。

刃倾角 λ_s：__________与__________的夹角，在__________面中测量。

（4）对照实物看懂前面的90°外圆车刀图，说明90°外圆车刀的主要几何角度值是多少。

前角：

主后角：

主偏角：

副偏角：

刃倾角：

2. 刃磨车刀常用的砂轮有哪几种？本任务刃磨车刀的刀柄与切削部分各需采用哪种砂轮？

砂轮种类：

刃磨车刀刀柄采用的砂轮种类：

刃磨切削部分采用的砂轮种类：

3. 填写表中90°外圆车刀刃磨内容（表2—2—3）。

表2—2—3　　90°外圆车刀刃磨过程

步骤	刃磨内容	提　示	
刃磨前刀面	刃磨要求：去除焊渣，控制前角为0°。刃磨方法：左手捏刀头，右手握刀柄，刀柄保持平直，磨出前面		

续表

步骤	刃磨内容	提 示	
刃磨主后刀面	刃磨要求： 刃磨方法：	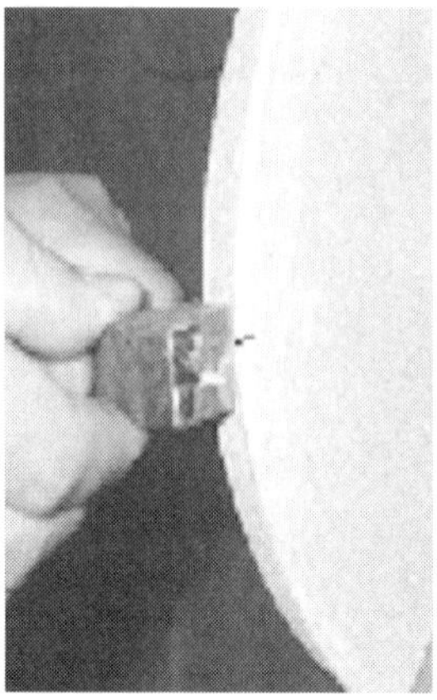	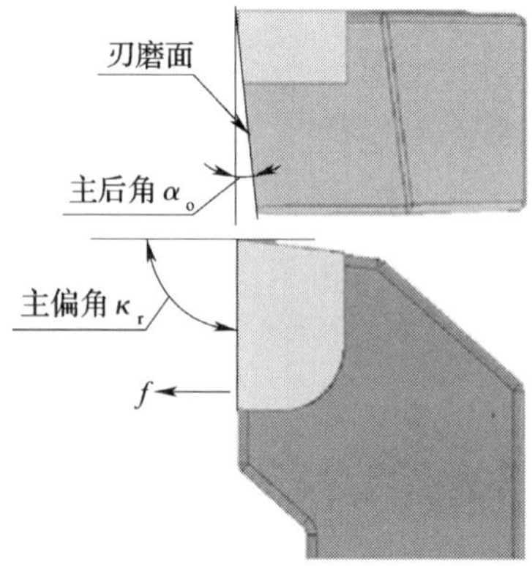 刃磨面 主后角 α_o 主偏角 κ_r f
刃磨副后刀面	刃磨要求： 刃磨方法：	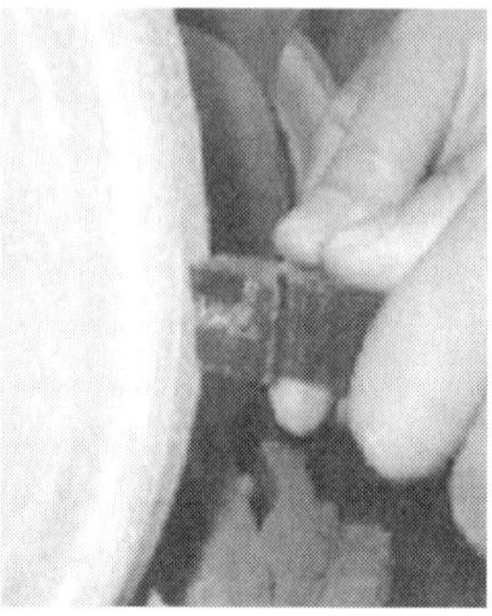	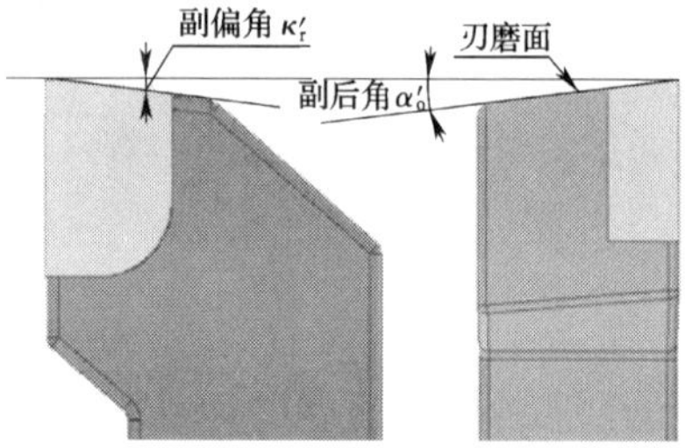 副偏角 κ_r' 刃磨面 副后角 α_o'
刃磨断屑槽	刃磨要求： 刃磨方法：	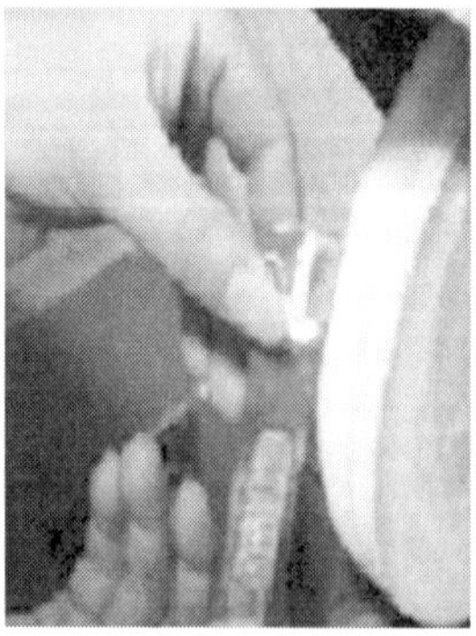	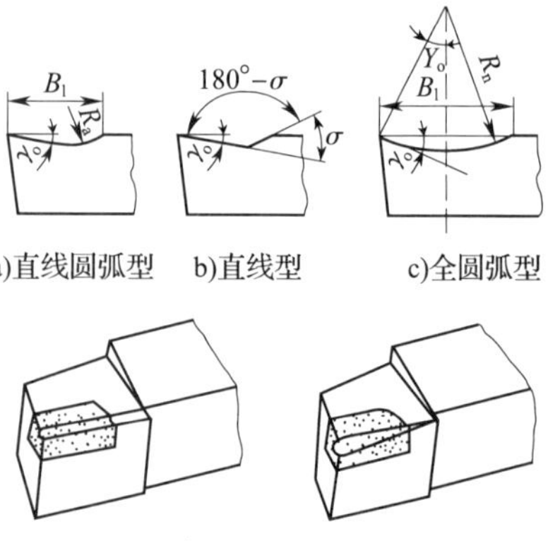 B_1 R_n γ_o $180°-\sigma$ σ a)直线圆弧型 b)直线型 c)全圆弧型 d)正确 e)不正确 断屑槽

续表

步骤	刃磨内容	提　　示	
刃磨倒棱	刃磨要求： 刃磨方法：		 a）直磨法　　b）横磨法
刃磨刀尖	刃磨要求： 刃磨方法：		
修磨各刀面	刃磨要求： 刃磨方法：		用油石研磨车刀

4．判断下图中样板分别用于测量 90°车刀的哪些角度。

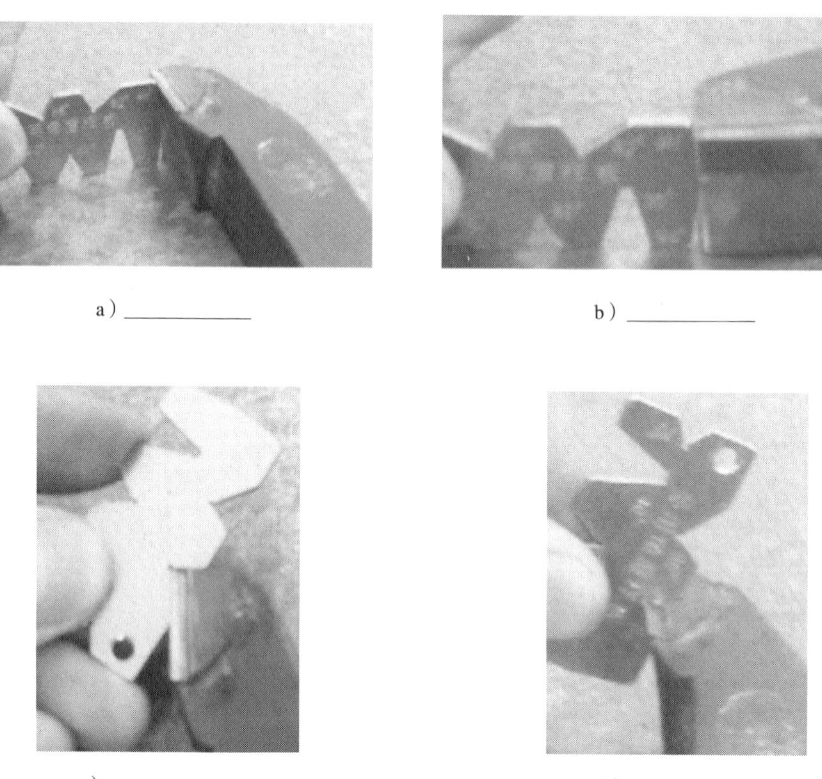

a）__________ b）__________

c）__________ d）__________

图 2—2—6 用样板测量车刀的角度

评价与分析

90°外圆车刀刃磨检测分析表

检测内容	检测所用方法	检测结果	是否合格
前角			
主后角			
副后角			
主偏角			
副偏角			
刀尖圆弧			

续表

检测内容	检测所用方法	检测结果	是否合格
断屑槽			
倒棱			
切削刃直线度			
三个刀面的表面粗糙度			
安全文明刃磨			

分析造成不合格项目的原因：

改进措施：

指导教师意见：

5．在刃磨90°外圆车刀的基础上举一反三地完成45°车刀的刃磨，写出45°车刀的刃磨难点及解决方法。

6．完成车槽刀的刃磨后，写出车槽刀的刃磨难点及解决方法。

学习活动3　传动轴的加工

学习目标

1. 能通过教师指引，按要求到材料库领取材料，并正确填写领料单。

2. 能按传动轴的图样要求，测量毛坯外形尺寸，判断毛坯是否有足够的加工余量。

3. 能阅读工序卡片，正确理解传动轴加工步骤，并正确绘出各工序完成的传动轴草图。

4. 能正确装夹工件和车刀。

5. 在加工过程中，能严格按照车床操作规程操作车床，按工步切削传动轴；根据切削状态调整切削用量，保证正常切削；适时检测；保证精度。

6. 能进行自检，判断零件是否合格。

7. 能按照国家的环保相关规定和车间要求，正确处置废油液等废弃物。

8. 能按车间现场管理和产品工艺流程的要求，正确放置传动轴零件。

9. 能严格按照车间管理规定，正确规范地保养机床。

10. 能按产品工艺流程和车间要求，进行产品交接并规范填写交接班记录表。

11. 能按要求正确规范地完成本次学习活动工作页的填写。

建议学时：16 学时。

学习过程

一、领取材料

1. 以情景模拟的形式，体验到材料库领取材料，并完成表2—3—1。

表2—3—1　　领料单

填表日期：　年　月　日　　　　发料日期：　年　月　日

<table>
<tr><td>领料部门</td><td></td><td colspan="2">产品名称
及数量</td><td colspan="4"></td></tr>
<tr><td>领料单号</td><td></td><td colspan="2">零件名称
及数量</td><td colspan="4"></td></tr>
<tr><td rowspan="2">材料名称</td><td rowspan="2">材料规格及型号</td><td rowspan="2">单位</td><td colspan="3">数量</td><td rowspan="2">单价</td><td rowspan="2">总价</td></tr>
<tr><td>请领</td><td colspan="2">实发</td></tr>
<tr><td></td><td></td><td></td><td></td><td colspan="2"></td><td></td><td></td></tr>
<tr><td colspan="2" rowspan="2">材料说明用途</td><td rowspan="2">材料仓库</td><td>主管</td><td>发料数量</td><td rowspan="2">领料部门</td><td>主管</td><td>领料数量</td></tr>
<tr><td></td><td></td><td></td><td></td></tr>
</table>

2. 如何判断毛坯料尺寸是否够余量车削？检查毛坯料尺寸有什么意义？

二、加工步骤

（一）步骤一：传动轴取总长，钻中心孔

本工序是企业常用的一个定位加工工序，操作简单、方便、省时、效率高。对操作者要求不高，详见工序卡及加工过程。

请根据步骤一工步完成传动轴的加工内容，把传动轴完成图样绘制到工序卡片的空白处。

表 2—3—2　　　　工序卡 10

传动轴加工工序卡片	产品型号		零件图号	2－001						
	产品名称		零件名称	传动轴	共	2	页	第	1	页

车间	工序号	工序名称	材料牌号
车	10	取总长，钻中心孔	45 钢
毛坯种类	毛坯外形尺寸	每毛坯可制件数	每台件数
棒料	ϕ30 mm×123 mm	1	
设备名称	设备型号	设备编号	同时加工件数
车床	CA6140	1	1

夹具编号	夹具名称	切削液	
	三爪自定心卡盘	乳化液	
工位器具编号	工位器具名称	工序工时（分）	
		准终	单件

工步号	工步内容	工艺装备	主轴转速（r/min）	切削速度（m/min）	进给量（mm/r）	背吃刀量（mm）	进给次数	工步工时 机动	工步工时 辅助
01	正确装夹工件，车削端面	卡盘	560	52.8	0.1～0.3	0.3～1	2		
10	钻中心孔 B2	卡盘	800	5.02	0.1～0.4	1	1		
20	调头，车削端面，取总长 118 mm	卡盘	560	52.8	0.1～0.3	0.3～2	2～5		
30	钻中心孔 B2		800	5.02	0.1～0.4	1	1		
40	车削定位台阶 ϕ28 mm×（7～10）mm		560	52.7	0.3	1	1		

设计（日期）	校对（日期）	审核（日期）	标准化（日期）	会 签（日期）

1．计算下面各题，将计算结果与工序卡中已给出的切削用量作比较。

（1）车削时，在 1 分钟内工件相对刀具转动 560 转，而工件的直径是 30 mm，求车削时的切削速度（单位：m/min）。

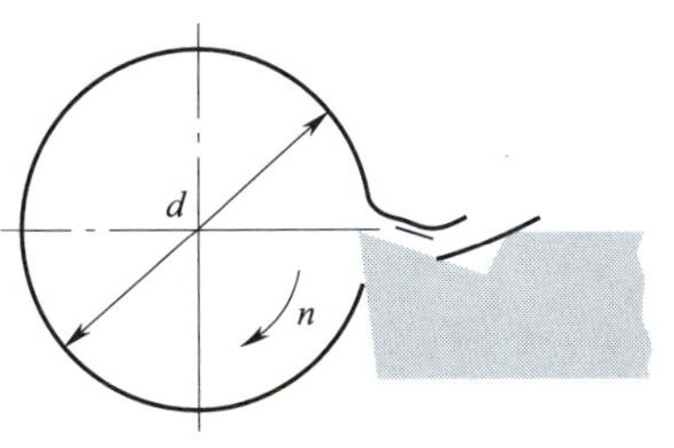

图 2—3—1　切削速度

（2）在 CA6140 型卧式车床上车削 ϕ30 mm 的外圆，选择切削速度为 45 m/min，主轴转速是多少？最终在车床上选取的主轴转速又是多少？

（3）进给量是衡量__________运动大小的参数，用符号 f 表示，单位为 mm/r。根据进给方向的不同，进给量又分两种，如图 2—3—2 所示。

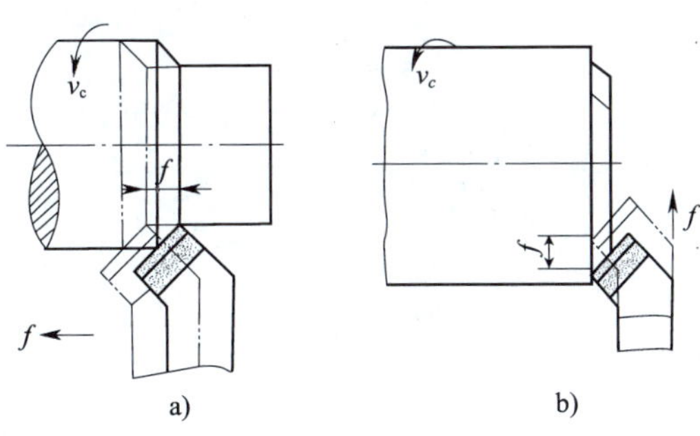

图 2—3—2　进给量

a 图沿车床床身导轨方向的进给量是指__________进给量，b 图垂直于车床床身导轨方向的进给量是指________进给量。

（4）计算下列两题，比较计算结果，想一想为什么。

1）已知工件待加工表面直径为 28 mm，现一次进给车至直径为 21 mm，求背吃刀量 a_p。

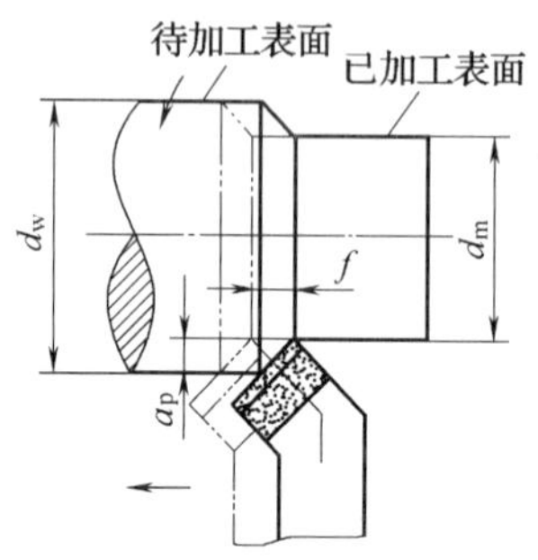

图 2—3—3　车削外圆背吃刀量 a_p

2）已知工件待加工表面直径为 21 mm，现一次进给车至直径为 28 mm，求背吃刀量 a_p。

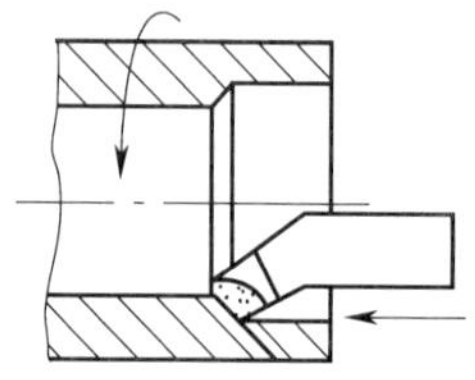

图 2—3—4　车削内孔背吃刀量

2. 根据工序中工步内容，正确装夹工件，你知道装夹工件的正确姿势吗？请判断下图中的姿势是否正确。

图 2—3—5 工件装夹姿势

正确姿势:

3. 车削端面时首先要正确安装刀具，使刀尖与主轴中心等高，除下图车刀对中心的方法外，还有哪些方法?

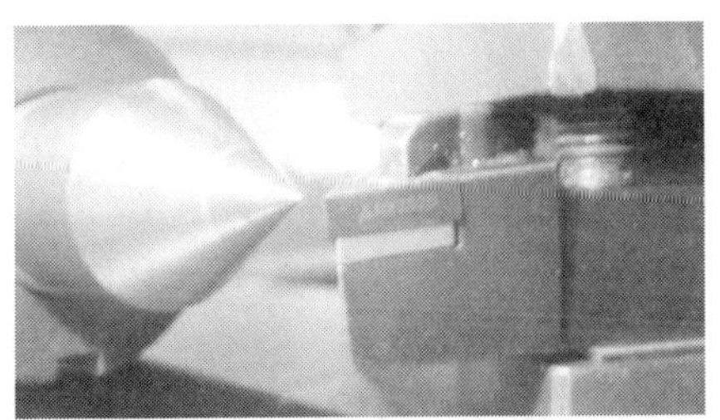

图 2—3—6 顶尖校正车刀中心高度

4. 找出下图中的装刀错误，指出在车削时会出现什么情况。

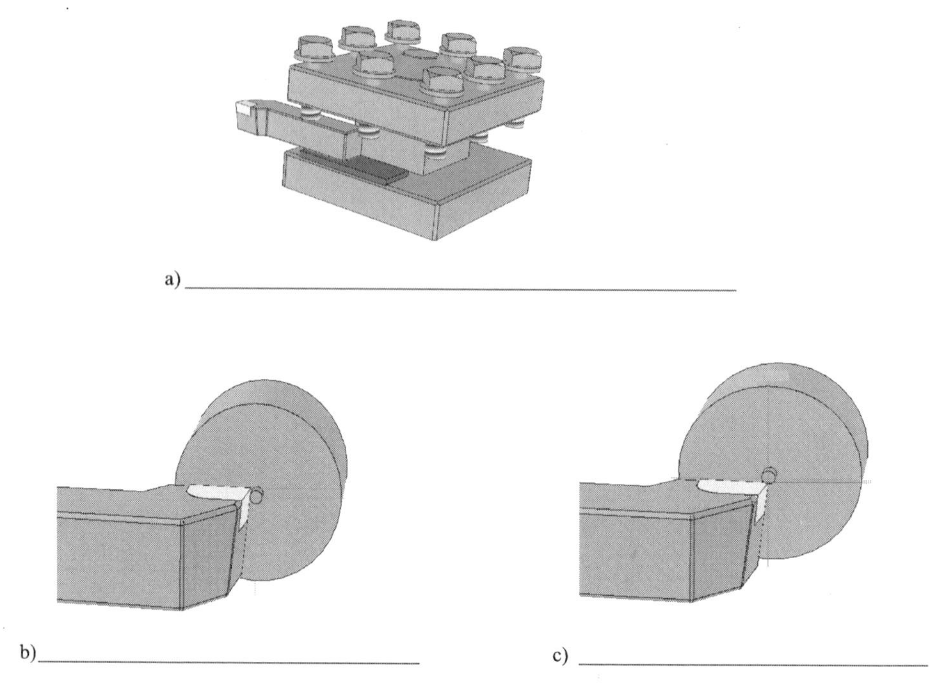

图 2—3—7　车刀的错误装夹

5. 根据工序中工步内容，钻中心孔要正确使用夹头进行安装中心钻。请看图并结合实物，说明如何使用钻夹头装夹中心钻。

图 2—3—8　钻夹头及其使用

6. 根据表中图例说明，填写表2—3—3中所缺内容。

表2—3—3　　传动轴取总长，钻中心孔的过程

车削步骤	车削内容	图例及说明
（1）毛坯伸出三爪自定心卡盘约25 mm，利用划针找正	1）用卡盘轻夹住毛坯，将划针盘放置在适当位置，将划针尖端触向工件悬伸端外圆柱表面 2）将________手柄置于空挡，用手轻拨卡盘使其缓慢转动，观察划针尖与______接触情况，并用铜锤轻击工件悬伸端，直至划针与________全圆周上的间隙______，找正结束	
	3）找正后夹紧工件	
（2）安装车刀	安装45°车刀与90°车刀	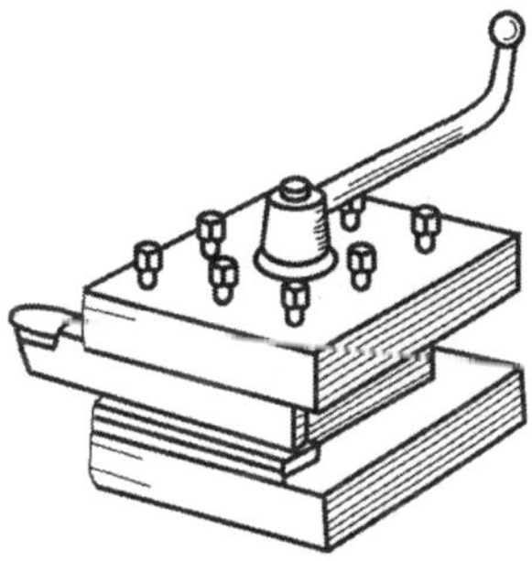
（3）用45°车刀车端面 *A*	1）取背吃刀量 a_p = __mm，进给量 f = ____mm/r，车床主轴转速为______ r/min 2）用45°车刀车端面 *A*，____即可，表面粗糙度达到要求	

续表

车削步骤	车削内容	图例及说明
（4）用中心钻钻中心孔	由于中心孔直径小，钻削时应取较____的转速。进给量应小而均匀。当中心钻钻入工件时，加切削液，促使其钻削顺利、光洁。钻毕时应稍停留中心钻，然后退出，使中心孔________	 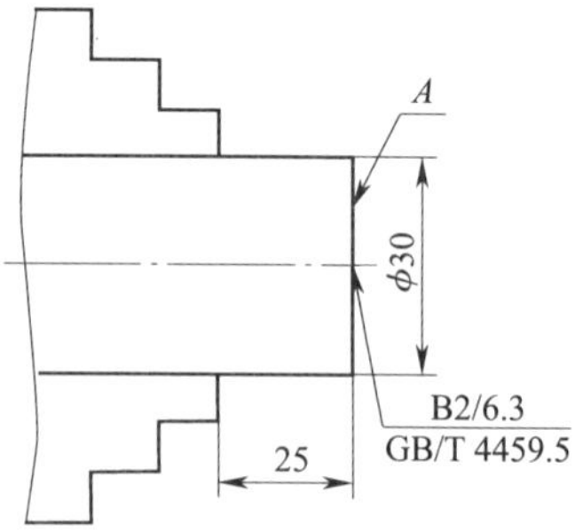 A ϕ30 B2/6.3 GB/T 4459.5 25
（5）取总长，钻中心孔	1）将工件调头，毛坯伸出三爪自定心卡盘约________mm，找正后夹紧 2）车端面 *B* 并保证总长____mm，钻中心孔 B2/6. 3	B ϕ30 B2/6.3 GB/T 4459.5 25
（6）车定位台阶	用 90° 车刀粗车____________台阶 ϕ28 mm ×（7 ~ 10）mm	25 7~10 B ϕ28 B2/6.3 GB/T 4459.5 *f*

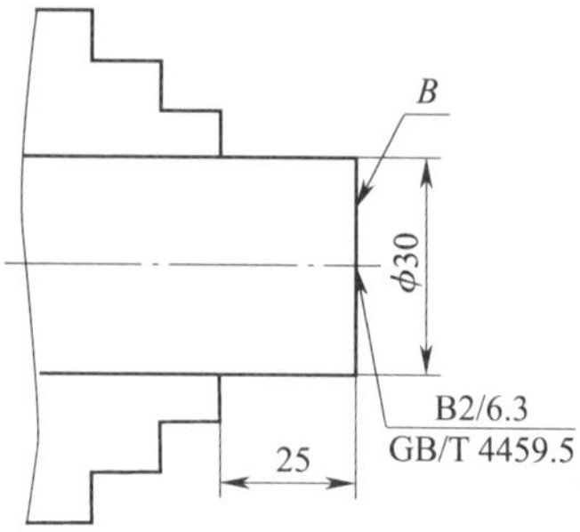

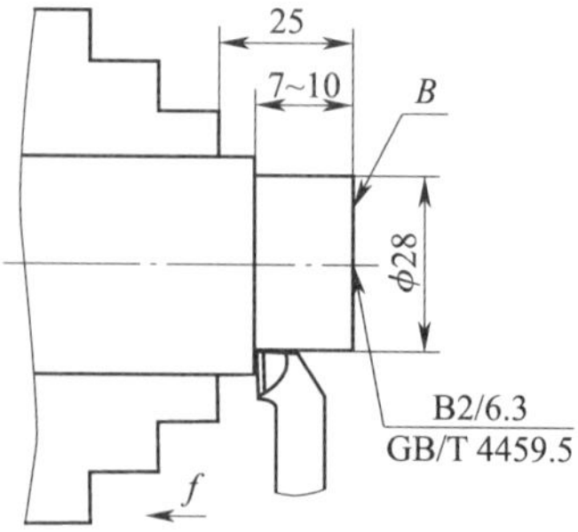

7. 在车床上完成加工，将加工过程中出现的问题记录下来，并分析问题写出改进措施。

8. 工序 10 要保证工件哪些尺寸？加工时，你用什么方法来保证工件这些尺寸？

（二）加工步骤二：传动轴的粗加工

本工序环节是按传动轴粗车工序图粗车成形。

由于传动轴粗车后还要进行半精车，直径尺寸应留 0.8 ~ 1 mm 的半精车余量，台阶长度留 0.5 mm 的半精车余量。因此，对工件的精度要求并不高，在选择车刀和切削用量时应着重考虑提高劳动生产率方面的因素。可采用一夹一顶装夹，以承受较大的切削力。

在粗加工阶段，还应校正好车床锥度，以保证工件对圆柱度的要求。在 CA6140 型车床上采用一夹一顶完成对传动轴的粗车，详见图 2—3—9 及工序卡片。

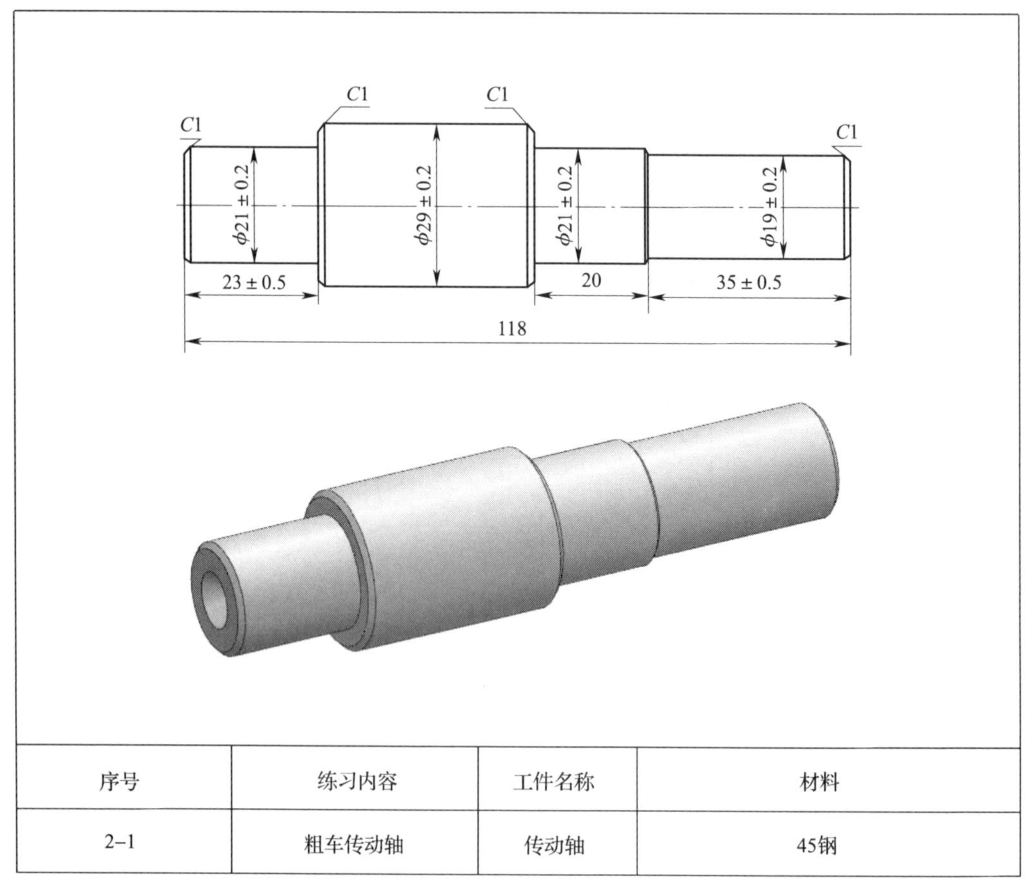

序号	练习内容	工件名称	材料
2–1	粗车传动轴	传动轴	45钢

图 2—3—9 传动轴粗车图

请根据步骤二工步完成传动轴的加工内容，把传动轴完成图样绘制到工序卡片的空白处。

表 2—3—4　　　　工序卡 20

传动轴加工工序卡片	产品型号		零件图号	2－001						
	产品名称		零件名称	传动轴	共	2	页	第	1	页

车间	工序号	工序名称	材料牌号
车	20	粗车传动轴	45 钢
毛坯种类	毛坯外形尺寸	每毛坯可制件数	每台件数
圆棒料	ϕ30 mm×118 mm	1	
设备名称	设备型号	设备编号	同时加工件数
车床	CA6140	2	1

夹具编号	夹具名称	切削液	
	三爪自定心卡盘	乳化液	
工位器具编号	工位器具名称	工序工时（分）	
		准终	单件

工步号	工步内容	工艺装备	主轴转速（r/min）	切削速度（m/min）	进给量（mm/r）	背吃刀量（mm）	进给次数	工步工时 机动	工步工时 辅助
01	一夹一顶，装夹工件	一夹一顶							
01）	粗车外圆 ϕ29 mm，全长		560	52.8	0.3	1	1		
10）	粗车外圆 ϕ21 mm，长度为 55 mm		560	50.9	0.3	2	2		
20）	粗车外圆 ϕ19 mm，长度为 35 mm		560	36.9	0.3	1	1		
30）	倒角 $C1$		560	51	0.2	0.5	1		
10	调头，一夹一顶								
01）	粗车外圆 ϕ21 mm，长度为 23 mm		560	52.8	0.3	2	2		
10）	倒角 $C1$		560	37	0.2	0.5	1		

设计（日期）	校对（日期）	审核（日期）	标准化（日期）	会签（日期）

1．根据工序卡加工方法，分析本任务应采用哪种装夹方法。

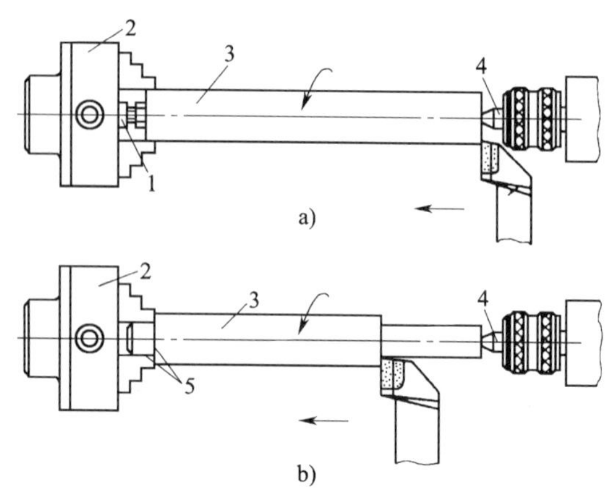

图 2—3—10 一夹一顶装夹

a）用限位支承 b）利用工件的台阶限位

1—限位支承 2—卡盘 3—工件 4—后顶尖 5—台阶

2．在一夹一顶装夹车削过程中，可能产生锥度，分析图 2—3—11a、b 图车削的工件出现了什么问题，分别应如何调整。

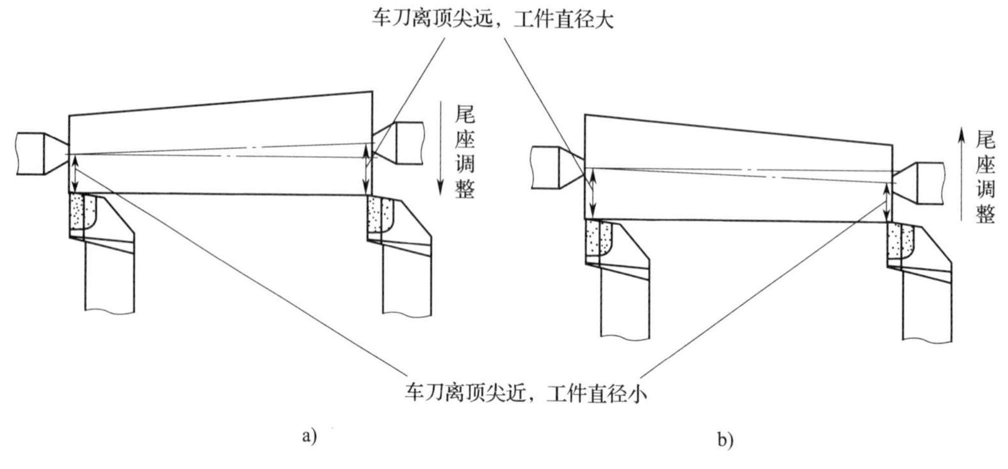

图 2—3—11 尾座位置的调整

图 a：

图 b：

3. 根据表中图例说明，填写表 2—3—5 所缺内容。

表 2—3—5　　传动轴粗加工过程

车削步骤	车削内容	图例及说明
（1）调整好车床尾座的前后位置，以保证工件的形状精度	1）一夹一顶装夹 ϕ28 mm ×（7 ~ 10）mm 外圆，用后顶尖支顶 2）车削整段外圆至一定尺寸（外径不能小于图样最终要求 ϕ28.8 mm），测量两端直径是否______，如不同可通过调整尾座的横向偏移量来______工件 3）若车出工件的右端直径小，左端直径大，尾座应向离开操作者的方向移动，反之，尾座应向操作者方向移动	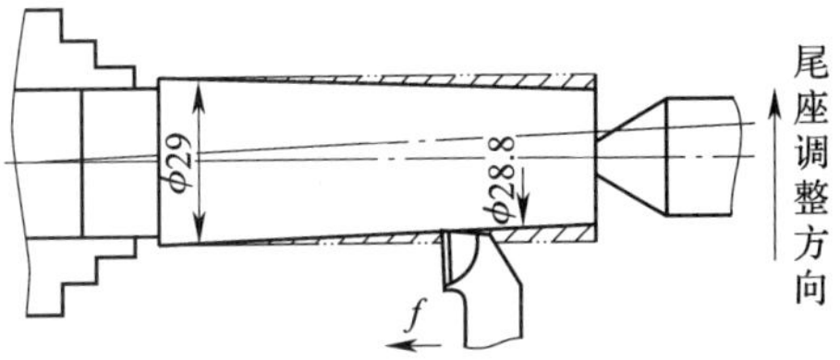
（2）一夹一顶装夹，粗车各级外圆	1）夹住 ϕ28 mm 外圆，用后顶尖支顶 2）选取进给量 f = ______ mm/r，车床主轴转速调整为______ r/min 3）对刀→进刀→试车→测量→粗车右端外圆。直径控制为 ϕ29 ±0.2 mm 4）粗车整段 ϕ29 mm 的外圆（除夹紧处 ϕ28 mm 外圆），背吃刀量 a_p = ____ mm 5）你是采用__________测量的	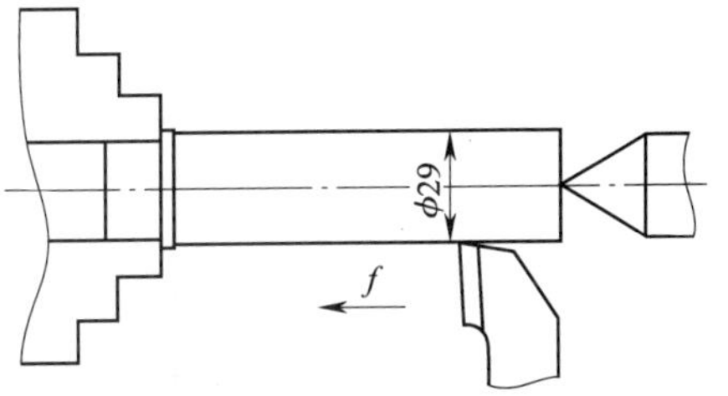
	1）选取进给量 f = ______ mm/r，车床主轴转速调整为______ r/min 2）对刀→进刀→试车→测量→粗车右端外圆。直径控制为 ϕ21 ± 0.2 mm，长度为________ mm 3）粗车 ϕ21 mm 的外圆时，背吃刀量 a_p = ____ mm	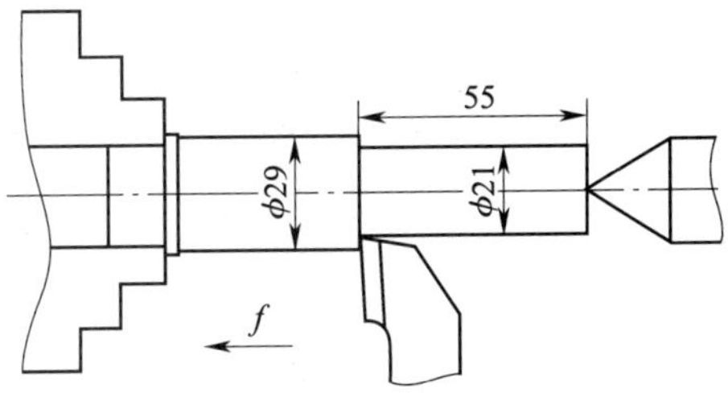

续表

车削步骤	车削内容	图例及说明
（2）一夹一顶装夹，粗车各级外圆	1）选取进给量 f = ______ mm/r，车床主轴转速调整为______ r/min 2）对刀→进刀→试车→测量→粗车右端外圆。直径控制为 ϕ19 ± 0.2 mm，长度为____ mm 3）粗车 ϕ19 mm 的外圆时，背吃刀量 a_p = ____mm	55 35 ϕ29 ϕ21 ϕ19 f
	选用________车刀对各级外圆进行倒角，较为容易安全	C1 55 C0.5 35 C1 ϕ29 ϕ21 ϕ19 f
（3）将工件调头，粗车另一端外圆	1）用三爪自定心卡盘夹______ mm 处外圆，一夹一顶装夹工件 2）对刀→进刀→试车→测量→粗车另一端外圆。直径控制为 ϕ21 ± 0.2 mm，长度尺寸控制为______ mm	23 ϕ21 f

4. 在机床上完成加工，将加工过程中出现的问题记录下来，并分析问题写出改进措施。

5. 粗车传动轴时，采用一夹一顶车削工件时出现了哪些问题？如何解决？

6. 总结自己粗车传动轴时，如何进行试车和试测。

安全提示

1. 用手动进给练习时，应把有关进给手柄放在空挡位置。

2. 车削前应检查滑板位置是否正确，工件装夹是否牢靠，卡盘扳手是否取下。

3. 检查车刀是否装夹正确，紧固螺钉是否拧紧，刀架压紧手柄是否锁紧。

4. 变换转速时应先停机，后变速，否则容易使齿轮折断。

操作提示

1. 车削时应先启动机床，后进刀，车削完毕时先退刀再停止车床，否则车刀容易损坏。

2. 车削外圆时应进行试刀和试测量，才可合理控制尺寸。

3. 中心孔的形状应正确，表面粗糙度值要小。装入顶尖前，应清除中心孔内的切屑或异物。

4. 在不影响车刀切削的前提下，尾座套筒应尽量伸出短些，以提高刚度，减少振动。

5. 顶尖与中心孔的配合必须松紧合适。如果后顶尖顶得太松，工件则不能准确定心，对加工精度有一定影响，并且车削时易产生振动，甚至会使工件飞出而发生事故。

评价与分析

粗车传动轴检测分析表

序号	检测内容	检测项目及分值		出现的实际质量问题及改进方法			
		检测项目	分值	自己检测结果	准备改进措施	教师检测结果	改进建议
1	主要尺寸	$\phi29\pm0.2$ mm	10				
		$\phi21\pm0.2$ mm	10				
		$\phi21\pm0.2$ mm	10				
		$\phi19\pm0.2$ mm	10				
		35 ± 0.5 mm	10				
		23 ± 0.5 mm	10				
		20 mm	2				
2	总长、中心孔与表面质量	118 mm	2				
		$2\times$B2	3×2				
		$Ra6.3$ μm	3×2				
3	设备及工、量、刃具的使用维护	工、量、刃具的合理使用与保养	4				
		操作车床并及时发现一般故障	4				
		车床的润滑	4				
		车床的保养工作	4				
4	安全文明生产	正确执行安全技术操作规程	4				
		工作服正确穿戴	4				
总分							
教师总评意见							

（三）步骤三：传动轴的半精加工

本工序加工目的主要为铣削加工和磨削加工做准备。采用两顶尖进行加工，详情见图样要求及工序卡片。

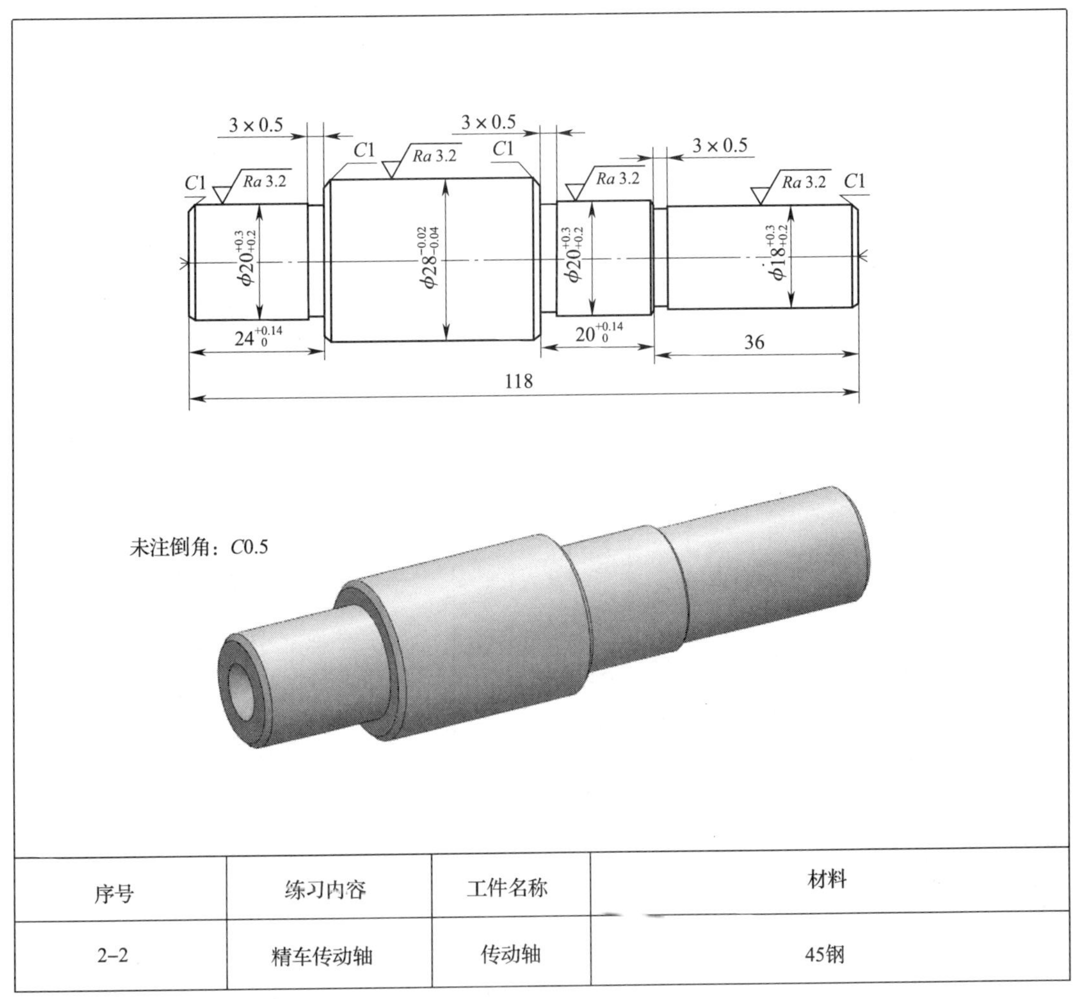

序号	练习内容	工件名称	材料
2-2	精车传动轴	传动轴	45钢

图 2—3—12　传动轴精车工序图

请根据步骤三工步完成传动轴的加工内容，把传动轴完成图样绘到工序卡片的空白处。

表 2—3—6　　　　工序卡 30

传动轴加工工序卡片	产品型号		零件图号	2－001						
	产品名称		零件名称	传动轴	共	2	页	第	1	页

车间	工序号	工序名称	材料牌号
机加工	30	半精车传动轴	45 钢
毛坯种类	毛坯外形尺寸	每毛坯可制件数	每台件数
台阶轴		1	
设备名称	设备型号	设备编号	同时加工件数
车床	CA6140	3	1

夹具编号	夹具名称	切削液	
	三爪自定心卡盘	乳化液	
工位器具编号	工位器具名称	工序工时（分）	
		准终	单件

工步号	工步内容	工艺装备	主轴转速（r/min）	切削速度（m/min）	进给量（mm/r）	背吃刀量（mm）	进给次数	工步工时	
								机动	辅助
01	两顶尖	两顶尖							
01）	半精车外圆 $\phi 18^{+0.3}_{+0.2}$ mm 长度为 36 mm		800	47.7	0.15	0.2～1	1～2		

续表

工步号	工步内容	工艺装备	主轴转速（r/min）	切削速度（m/min）	进给量（mm/r）	背吃刀量（mm）	进给次数	工步工时	
								机动	辅助
10）	半精车外圆 $\phi 20^{+0.3}_{+0.2}$ mm 长度为$20^{+0.14}_{0}$ mm		800	52.7	0.15	0.2～1	1～2		
20）	切槽 3 mm×0.5 mm 两处		300	18.84	0.1	3	1		
30）	倒角 *C*1，2 处		560	35.2	0.2	1	1		
10	调头，两顶尖								
01）	半精车外圆 $\phi 20^{+0.3}_{+0.2}$ mm， 长度为$24^{+0.14}_{0}$ mm		800	52.7	0.15	0.2～1	1～2		
10）	精车外圆 $\phi 28^{-0.02}_{-0.04}$ mm，尽长		1200	109.3	0.1	0.2～1	1～2		
20）	切槽 3 mm×0.5 mm		300	18.84	0.1	3	1		
30）	倒角 *C*1，2 处		560	49.2	0.2	1	1		

设计（日期）	校对（日期）	审核（日期）	标准化（日期）	会签（日期）

1．用两顶尖车削传动轴，如图 2—3—13 所示，图中的 1、2 分别表示什么？各自有什么作用？

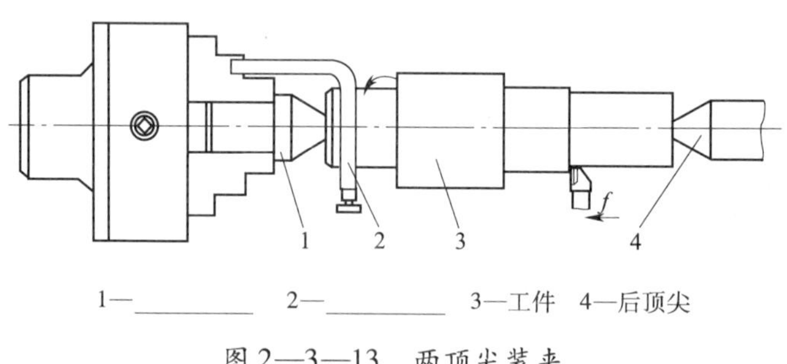

1—________ 2—________ 3—工件 4—后顶尖

图 2—3—13 两顶尖装夹

1：

2：

2．请分析为什么工艺安排中需采用两顶尖车削传动轴，注意事项有哪些。

为什么：

注意事项：

3．半精车传动轴时，留磨量应在多少范围？

4. 按照表 2—3—7 图示顺序进行练习并填写车削内容。

表 2—3—7　　传动轴半精车过程

车削步骤	车削内容	图示
（1）车削前顶尖	1）用活扳手将小滑板转盘上的前后螺母松开 2）小滑板逆时针方向转动______，使小滑板上的基准“0”线与______刻线对齐，然后锁紧转盘上的螺母，以保证前顶尖______ 3）用双手配合均匀不间断地转动小滑板手柄，手动进给分层车削前顶尖的圆锥面 4）再将转盘上的螺母松开，将小滑板恢复到原始______再紧固	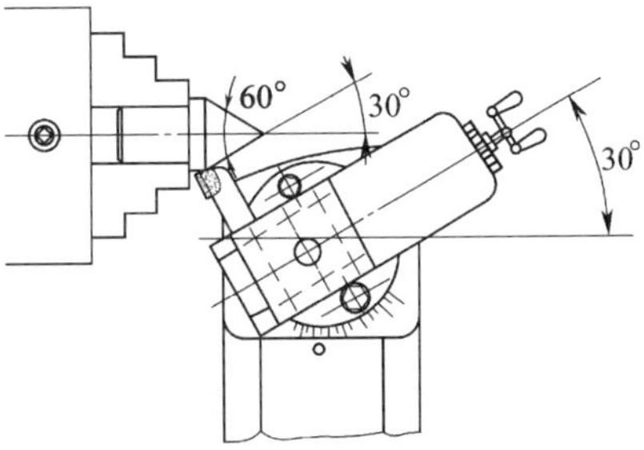 60° 30° 30°
（2）在两顶尖间装夹工件	1）用鸡心夹头夹紧传动轴左端______ mm 外圆处，并使夹头上的拨杆伸出工件轴端 2）根据工件长度调整好尾座的位置并紧固 3）右手托起工件，将夹有夹头一端工件的中心孔放置在前顶尖上，并使夹头的拨杆贴近卡盘的卡爪侧面 4）同时右手摇动尾座手轮，使后顶尖顶入工件另一端的中心孔 5）最后，将尾座套筒的固定手柄压紧	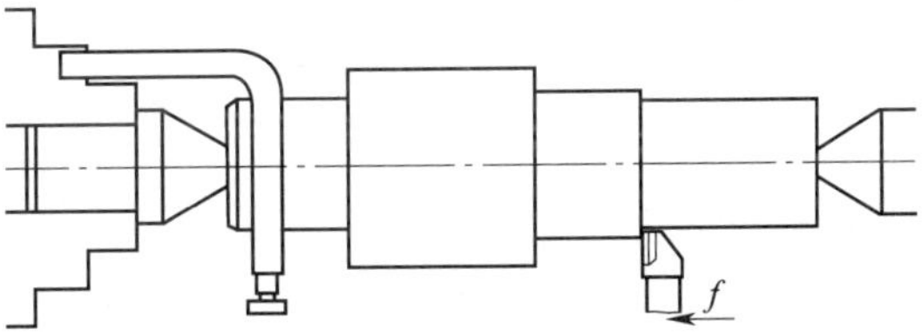 f

续表

车削步骤	车削内容	图示
（3）选择切削用量	背吃刀量选取 a_p = ______mm，进给量选取 f = ______ mm，转速用 n = ______ r/min	
（4）半精车传动轴的右端	1）两顶尖间装夹工件，启动车床，使工件回转 2）将 90° 车刀调整至工作位置，半精车__________mm 的外圆，长度为______mm，表面粗糙度 Ra 值达到________ μm 3）你是采用________ 测量的	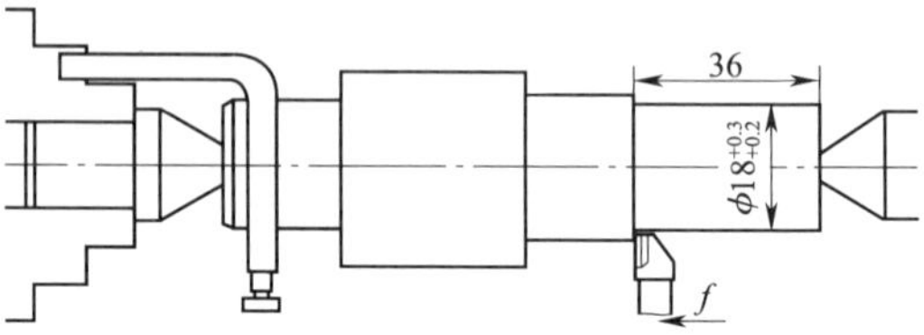
	4）精车右端第二级外圆至______mm，长度为______ mm，表面粗糙度 Ra 值达到____ μm，圆柱度误差小于等于______mm	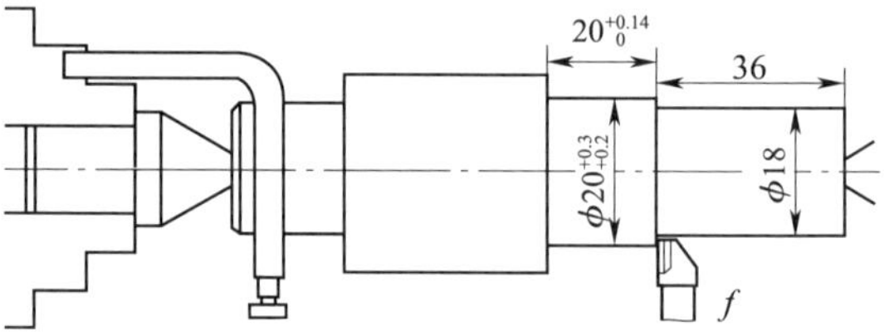
	5）调整车槽刀，进行车槽 3 mm×0.5 mm；调整 45° 车刀进行倒角外圆的端面处，倒角______ mm	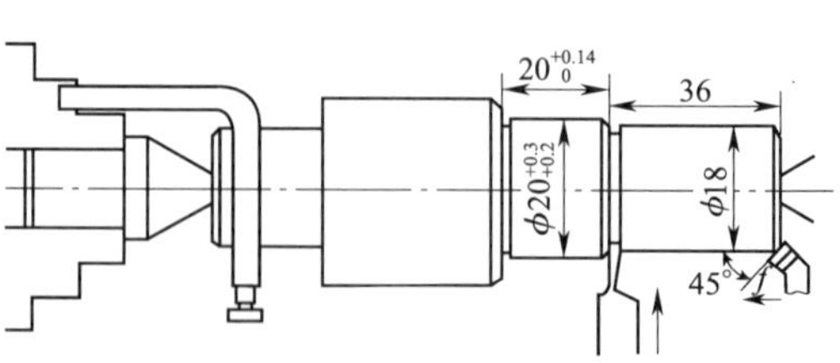

续表

车削步骤	车削内容	图示
（5）精车轴的左端	1）将工件调头，用两顶尖装夹（铜皮垫在 ϕ18 mm 的外圆处） 2）精车外圆 ϕ21 mm 至____mm，长度______mm，表面粗糙度 *Ra* 值达到______μm，径向圆跳动误差小于等于______mm 3）精车外圆 ϕ29 mm 至____mm，长度______mm，表面粗糙度 *Ra* 值达到______μm	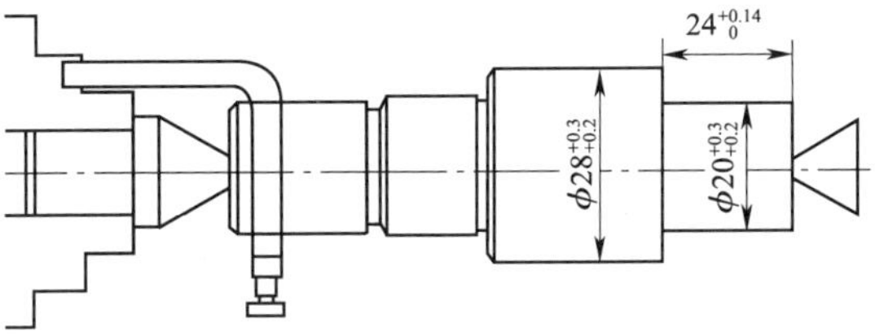 $24^{+0.14}_{0}$ $\phi28^{+0.3}_{+0.2}$ $\phi20^{+0.3}_{+0.2}$
	4）调整车槽刀进行车削 3 mm ×0. 5 mm 5）用45°车刀倒角____ mm	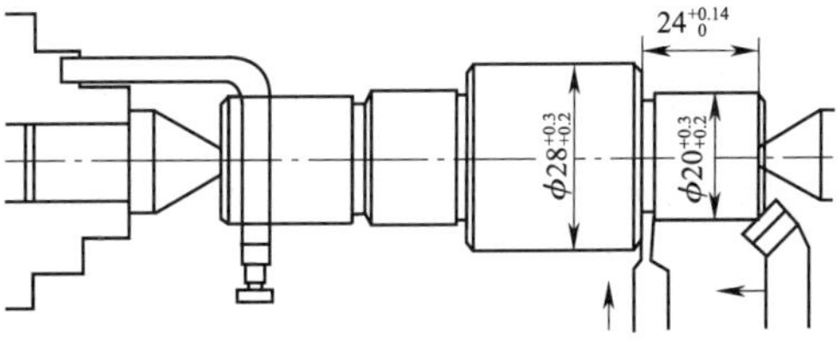 $24^{+0.14}_{0}$ $\phi28^{+0.3}_{+0.2}$ $\phi20^{+0.3}_{+0.2}$

5. 在机床上完成加工，将加工过程中出现的问题记录下来，并分析问题写出改进措施。

6. 请描述自己在加工过程中，如何保证加工流程、分类放置工件和传动轴的首检工作。

7. 加工完毕后，按照图纸要求进行自检，正确放置零件，并进行产品交接确认；按照国家环保相关规定和车间要求，整理现场，正确处置废油液等废弃物；按车间规定填写交接班记录（见附表1）。

操作提示

（1）在车床保养时，必须先把电源关闭，以免出现安全事故。

（2）当车至台阶面时，变纵向进给为横向进给，移动中滑板由里向外慢慢精车台阶平面，以确保其对轴线的垂直度要求。

（3）台阶端面与圆柱面相交处要清角（清根）。

（4）鸡心夹头必须牢靠地夹住工件，以防车削时移动、打滑，损坏车刀。

（5）车削开始前，应手摇手轮使床鞍左右移动全行程，检查有无碰撞现象。

（6）注意安全，防止鸡心夹头钩衣伤人。

（7）车床保养后，必须按5S要求放置物资。

8. 传动轴加工完成后要对车床进行保养，请根据车床保养的实际情况填写设备日常保养记录卡（见附表2）。

学习活动 4　传动轴的测量及误差分析

学习目标

1. 能利用量具完成传动轴各要素的直接和间接测量。

2. 能根据传动轴的检测结果，分析几何误差产生的原因。

3. 能正确规范地使用工量具，并对其进行合理保养和维护。

4. 能根据检测结果正确填写检验报告单。

5. 能按检验室管理要求，正确放置检验工、量具。

6. 能按要求正确规范地完成本次学习活动工作页的填写。

建议学时：2 学时。

学习过程

1. 对加工完成的传动轴进行检测，并把测出的结果填入表 2—4—1。

表 2—4—1　　传动轴检测表

	考核项目	考核内容及要求	配分 IT *Ra*	评分标准	检验结果 IT　*Ra*	得分
1	外圆	$\phi 18^{+0.3}_{+0.2}$ mm，*Ra*3. 2 μm	7，3	超差不得分		
2		$\phi 20^{+0.3}_{+0.2}$ mm，*Ra*3. 2 μm	7，3	超差不得分		
3		$\phi 20^{+0.3}_{+0.2}$ mm，*Ra*3. 2 μm	7，3	超差不得分		

续表

	考核项目	考核内容及要求	配分 IT Ra	评分标准	检验结果 IT Ra	得分
4	外圆	$\phi 28_{-0.04}^{-0.02}$ mm，Ra3.2 μm	10，3	超差不得分		
5	长度	$24_{0}^{+0.14}$ mm	5	超差不得分		
6		$20_{0}^{+0.14}$ mm	5	超差不得分		
7		36 mm	2	IT14 超差不得分		
8	槽	3 mm×0.5mm（3 处）	6	IT14 超差不得分		
9	几何公差	同轴度 ϕ0.02 mm	6	超差不得分		
10	总长、中心孔与端面质量	118 mm	2	超差不得分		
		C1	1×4	超差不得分		
		C0.5	2	超差不得分		
		Ra6.3 μm（5 处）	1×5	超差不得分		
11	设备及工量刃具的使用维护	工、量、刃具的合理使用与保养	10	不符合要求酌情扣 1～10 分		
12		操作车床并及时发现一般故障		不符合要求酌情扣 1～10 分		
13		车床的润滑		不符合要求酌情扣 1～10 分		
14		车床的保养工作		不符合要求酌情扣 1～10 分		
15	安全与其他	正确执行安全技术操作规程	10	一项不符合要求扣 2 分，发生较大事故取消考核资格		
16		工作服正确穿戴		一处不符合要求扣 2 分		
总分						

注：时间定额为 360 min；超过 10 min 扣 10 分；超过 30 min 不合格。

2．根据检测传动轴的同轴度结果进行误差分析，将分析结果填写在误差分析表 2—4—2 中。

表 2—4—2　　误差分析表

测量内容	传动轴同轴度	零件名称	
测量工具和仪器		测量人员	
班　级		日　期	

一、测量目的：

二、测量步骤：

三、测量要领：

四、结论（误差分析）：

3．传动轴零件检测完毕后，工件及量具应怎么处置？

学习活动5　工作总结与评价

学习目标

1. 能按分组情况，分别派代表展示工作成果，说明本次任务的完成情况，并作分析总结。

2. 能结合自身任务完成情况，正确规范撰写工作总结（心得体会）。

3. 能就本次任务中出现的问题，提出改进措施。

4. 能对学习与工作进行反思总结，并能与他人开展良好合作，进行有效的沟通。

5. 能按要求正确规范地完成本次学习活动工作页的填写。

建议学时：2学时。

学习过程

自我评价、小组评价、教师评价

1. 展示评价

把个人制作好的传动轴进行分组展示，再由小组推荐代表作必要的介绍。在展示的过程中，以组为单位进行评价；评价完成后，根据其他组成员对本组展示的成果评价意见进行归纳总结。完成如下项目：

（1）展示的传动轴符合技术标准吗？

合格□　　不良□　　返修□　　报废□

（2）与其他组相比，本小组的传动轴工艺你认为：

工艺优化□　　工艺合理□　　工艺一般□

（3）本小组介绍成果表达是否清晰?

很好□　　一般，常补充□　　不清晰□

（4）本小组演示传动轴检测方法操作正确吗?

正确□　　部分正确□　　不正确□

（5）本小组的成员团队创新精神如何?

良好□　　一般 □　　不足□

自评总结（心得体会）

2. 教师对展示的作品分别作评价

（1）找出各组的优点点评。

（2）对任务完成过程中各组的缺点进行点评，提出改进方法。

（3）对整个任务完成中出现的亮点和不足进行点评。

评价与分析

任务评价表

班级____________ 学生姓名____________ 学号____________

<table>
<tr><th rowspan="3">项目</th><th colspan="3">自我评价</th><th colspan="3">小组评价</th><th colspan="3">教师评价</th></tr>
<tr><th>10～9</th><th>8～6</th><th>5～1</th><th>10～9</th><th>8～6</th><th>5～1</th><th>10～9</th><th>8～6</th><th>5～1</th></tr>
<tr><th colspan="3">占总评 10%</th><th colspan="3">占总评 20%</th><th colspan="3">占总评 70%</th></tr>
<tr><td>学习活动 1</td><td></td><td></td><td></td><td></td><td></td><td></td><td></td><td></td><td></td></tr>
<tr><td>学习活动 2</td><td></td><td></td><td></td><td></td><td></td><td></td><td></td><td></td><td></td></tr>
<tr><td>学习活动 3</td><td></td><td></td><td></td><td></td><td></td><td></td><td></td><td></td><td></td></tr>
<tr><td>学习活动 4</td><td></td><td></td><td></td><td></td><td></td><td></td><td></td><td></td><td></td></tr>
<tr><td>学习活动 5</td><td></td><td></td><td></td><td></td><td></td><td></td><td></td><td></td><td></td></tr>
<tr><td>表达能力</td><td></td><td></td><td></td><td></td><td></td><td></td><td></td><td></td><td></td></tr>
<tr><td>协作精神</td><td></td><td></td><td></td><td></td><td></td><td></td><td></td><td></td><td></td></tr>
<tr><td>纪律观念</td><td></td><td></td><td></td><td></td><td></td><td></td><td></td><td></td><td></td></tr>
<tr><td>工作态度</td><td></td><td></td><td></td><td></td><td></td><td></td><td></td><td></td><td></td></tr>
<tr><td>任务总体表现</td><td></td><td></td><td></td><td></td><td></td><td></td><td></td><td></td><td></td></tr>
<tr><td>小计分</td><td colspan="3"></td><td colspan="3"></td><td colspan="3"></td></tr>
<tr><td>总评分</td><td colspan="9"></td></tr>
</table>

任课教师： 年 月 日

学习任务三　车 削 轴 套

学习目标

1. 能独立阅读生产任务单，明确工时、加工数量等要求，了解所加工零件的用途、功能和分类。

2. 能识读图样和工艺卡，查阅相关资料并计算，明确加工技术要求，明确加工工艺。

3. 能识读和绘制回转类零件剖视图，正确抄画轴套零件图样。

4. 能根据零件特征，经过查阅切削手册，正确选择车孔刀的材料和结构形式。

5. 能根据加工要求正确使用麻花钻，明确钻孔的方法。

6. 能根据加工要求正确使用扩孔钻，并会叙述扩孔的特点和使用场合。

7. 能根据加工要求正确刃磨、安装车孔刀，掌握内孔车削的加工方法。

8. 能合理选用铰刀、确定铰削余量，对轴套进行铰孔精加工。

9. 能正确使用内径百分表进行轴套零件的测量。

10. 能根据加工要求，合理选择切削用量和切削液。

11. 能按车间现场管理规定和产品工艺流程的要求，正确放置轴套零件并进行质量检验和确认。

12. 能按照国家环保相关规定和车间要求，正确处置废油液等废弃物。

13. 能按产品工艺流程和车间要求，进行产品交接并规范填写交接班记录表。

14. 能主动获取有效信息，展示工作成果，对学习与工作进行反思总结，并能与他人开展良好合作，进行有效的沟通。

30 学时。

工作情境描述

某企业机器中轴套零件因长期使用，现需更换。该轴套主要起轴向定位和轴向固定作用，加工数量为50件，图样已交予我车间，工期为5天，来料加工，零件尺寸见图样。现安排我部门加工完成此任务。

工作流程与活动

1. 轴套的工艺分析（2学时）
2. 工、量、夹、刃具的准备（4学时）
3. 轴套的加工（18学时）
4. 轴套的测量及误差分析（2学时）
5. 工作总结与评价（4学时）

学习活动1 轴套的工艺分析

学习目标

1. 能正确表述轴套零件的功能与作用。

2. 能正确分析轴套零件的图样并能识读加工工艺卡。

3. 能抄绘轴套零件图样，进而理解回转类零件剖视图的画法。

4. 能表述轴套尺寸公差和几何公差的含义，并分析加工中的注意事项。

5. 能按要求正确规范地完成本次学习活动工作页的填写。

建议学时：2学时。

学习过程

一、阅读生产任务单，明确加工任务

1. 生产任务单。

表3—1—1 生产任务单

编号：3－001

需方单位名称		×××企业		完成日期	年 月 日
序号	产品名称	材料	数量	技术标准、质量要求	
1	轴套	45钢	50件	按图样要求	
2					
3					

续表

需方单位名称		×××企业		完成日期	年 月 日	
序号	产品名称	材料	数量	技术标准、质量要求		
4						
生产批准时间		年 月 日	批准人			
通知任务时间		年 月 日	发单人			
接单时间		年 月 日	接单人		生产班组	车工组

2. 请根据以上生产任务单，进一步明确本次生产任务的相关要求。

本次生产任务加工零件名称为：________；

材料：________；

加工数量：________。

3. 在生活和工作中，经常会看到如图 3—1—1 所示的轴套零件，请查阅资料说明它们的主要用途并列举轴套常用材料。

（1）主要用途：

（2）常用材料：

图 3—1—1 常见的轴套零件

二、识读零件图

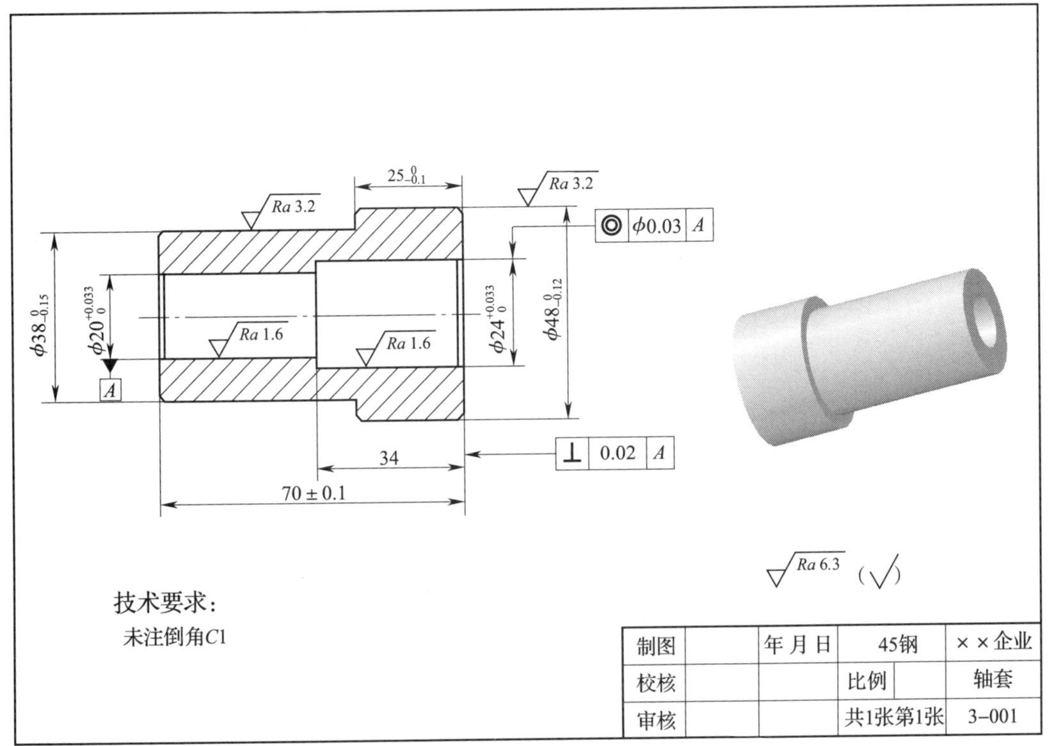

图 3—1—2　轴套零件图样

1. 从轴套零件图样（图 3—1—2）中可以很清楚地看出，本次任务加工的零件类型是回转体，请你说一说常见的回转体零件都有哪些。

2. 想一想，如果要清楚地表达回转类零件的内部结构，如何来画图？并简单说明图 3—1—3b）中零件内孔中槽的作用。

a)

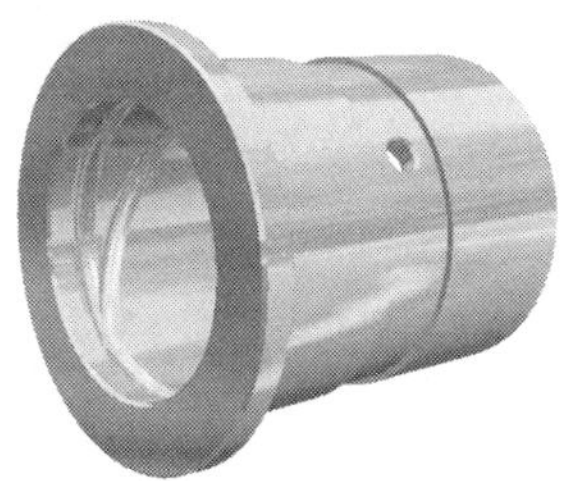

b)

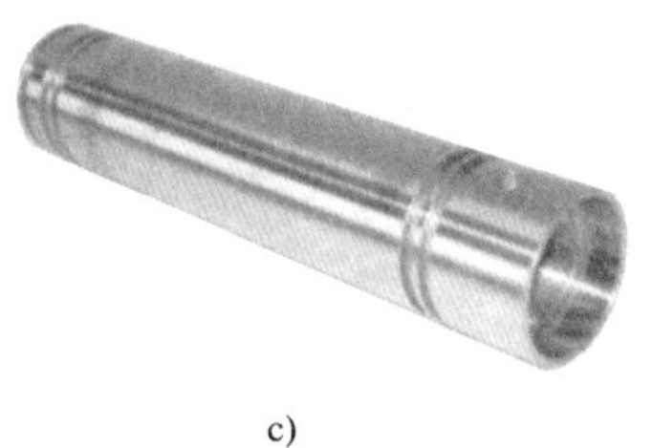

c)

图 3—1—3 回转类零件

3. 轴套零件图中几何公差的含义。

（1）说明以下两种几何公差在轴套零件图中的具体含义。

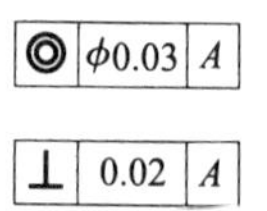

（2）说明端面圆跳动和轴套图样中端面对轴线垂直度的区别（图 3—1—4）。

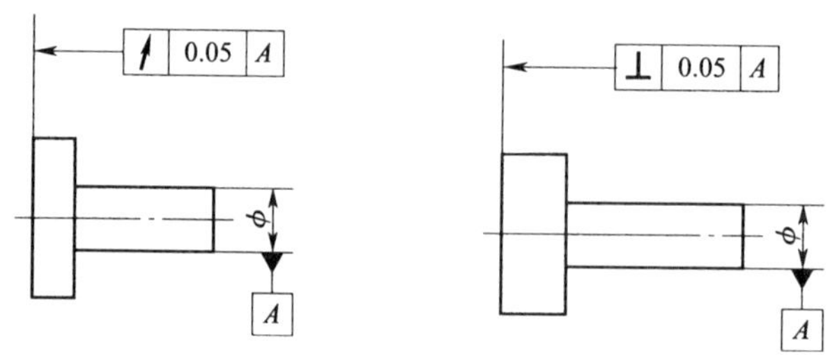

图 3—1—4 端面圆跳动和端面对轴线的垂直度区别

4. 通过认真识读轴套零件图样，说明本次任务中轴套零件的主要加工内容和主要的加工要求有哪些。

5. 本次任务中轴套零件的两内孔为平行孔系且为通孔，查阅资料分别指出下面图形中孔和孔系的形式。

（1）请指出图3—1—5 中内孔的形式。

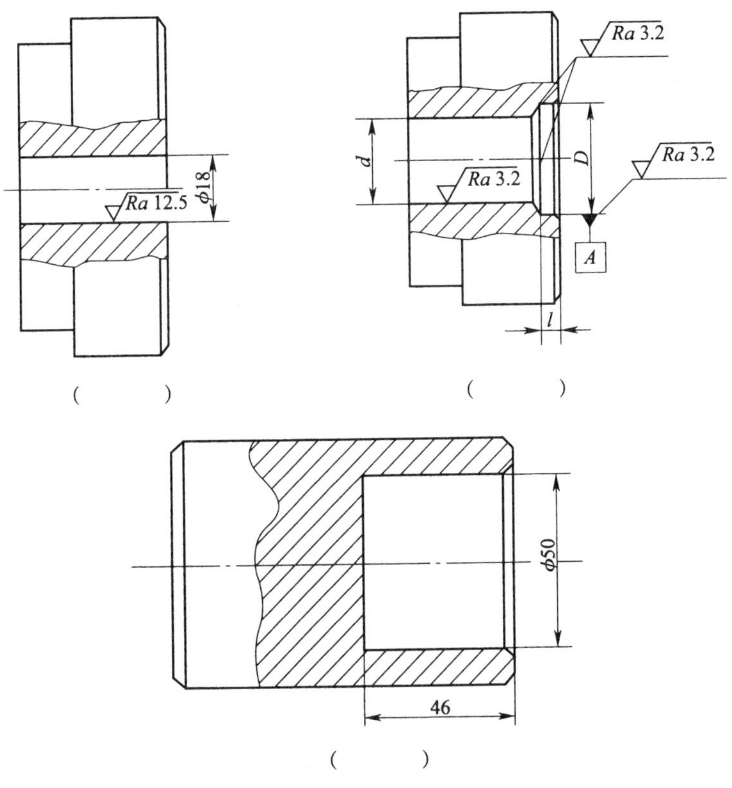

图3—1—5　不同形式的内孔

（2）请指出图3—1—6 中内孔孔系的形式。

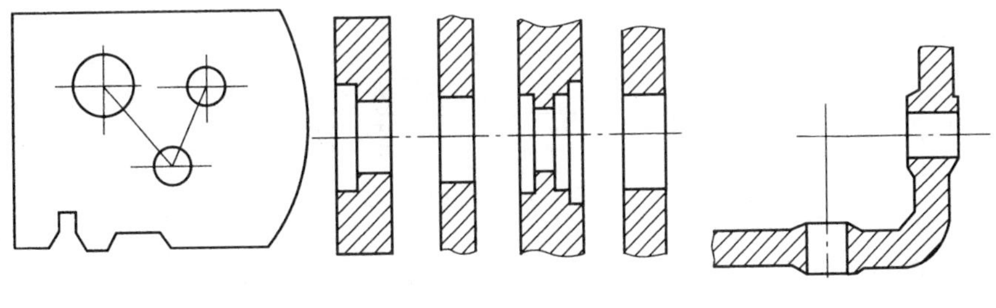

图3—1—6　内孔孔系

三、根据轴套零件图样，识读加工工艺卡

表 3—1—2　　轴套加工工艺卡

（单位名称）	加工工艺卡	产品名称		图号				
		零件名称	轴套	数量	50			第 1 页
材料种类	45 钢	材料成分	中碳钢	毛坯尺寸	ϕ50mm × 75mm			共 1 页
工序号	工序内容	车间	设备	夹具	量具	刃具	计划工时	实际工时
01	下料 ϕ50mm × 75mm 棒料	金	锯床	平口钳	游标卡尺	锯条		
10	车轴套右端	车	车床	三爪自定心卡盘	游标卡尺、千分尺、内径百分表	外圆车刀、端面车刀、麻花钻、车孔刀、铰刀		
20	车轴套左端	车	车床	三爪自定心卡盘	游标卡尺、千分尺	外圆车刀、端面车刀		
30	检验	检验室		平板、V 形架	游标卡尺、千分尺、内径百分表、磁力表座			
更改号		拟定		校正	审核		批准	
更改者								
日　期								

1. 为保证轴套零件图样（图3—1—2）中的两种几何公差，在加工时应采取怎样的加工工艺？

2. 请你根据轴套加工工艺卡说明工序的区分原则是什么，为什么要这样编排轴套加工工序。

3. 为进一步明确回转类零件剖视图的画法，请在下面位置1∶1完整地抄画轴套零件的图样。

学习活动2　工、量、夹、刃具的准备

学习目标

1. 能根据现场条件，查阅相关资料，确定符合加工技术要求的工、量、夹、刃具和辅件。

2. 能叙述麻花钻的分类、材料和几何形状知识，明确钻削用量和钻孔方法。

3. 能叙述车孔刀几何形状、刃磨方法。

4. 能叙述铰刀的几何形状、分类，以及铰削余量的确定和铰削方法。

5. 能按照规范的刃磨方法，安全刃磨轴套车削所用刀具。

6. 能根据轴套图样和工艺卡，合理选择检验工具和量具。

7. 能叙述内径百分表的结构和测量原理，并根据加工实际情况调整内径百分表，以满足测量需要。

8. 能主动获取有效信息，展示工作成果，对学习与工作进行反思总结，并能与他人良好合作，进行有效的沟通。

9. 能按要求正确规范地完成本次学习活动工作页的填写。

建议学时：4学时。

学习过程

一、填写工量刃具清单，并领取本次任务相关的工量刃具。

表 3—2—1　　工量刃具清单

序号	工量刃具名称	规格	数量	领用人

二、刃具、量具的准备

在本次工作任务中，按照刃磨麻花钻、刃磨车孔刀、选择铰刀的顺序开展刃具的准备工作，并对刃磨好的刃具进行试切削。

（一）本次任务中麻花钻的准备

1．本次轴套加工任务中，首先需要对内孔进行钻削加工，而麻花钻是实现钻孔的常用刀具，下面就先对麻花钻进行认知。

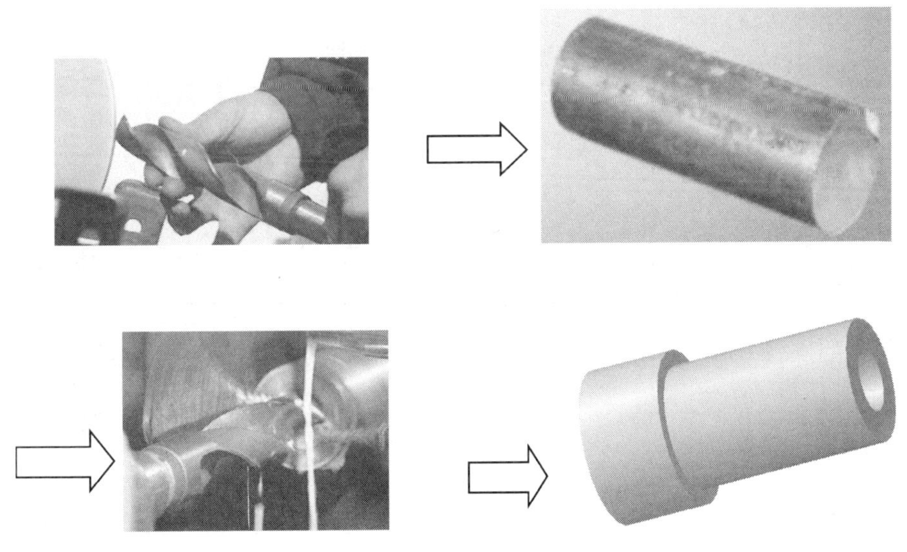

图 3—2—1　钻孔工序流程图

（1）通过观察生活、深入生产实际以及在互联网上收集资料等方法（有条件的同学可以拍成照片）相互交流讨论，举出收集到的麻花钻类型。

（2）你知道“钻头大王”倪志福吗？请在互联网上使用关键词“志福钻头”“群钻”搜索收集他的事迹。

（3）指出下图麻花钻中各部分的作用。

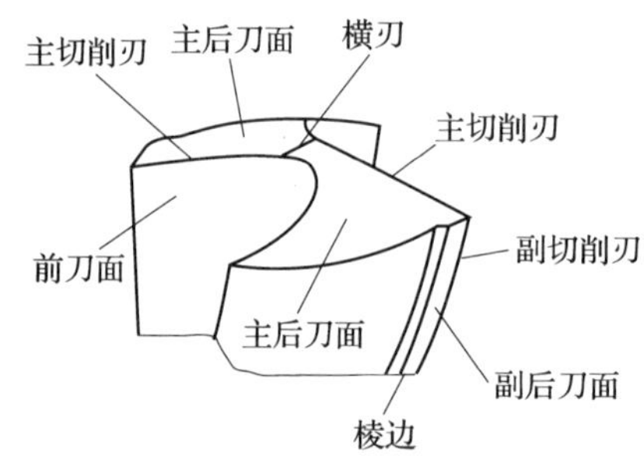

图 3—2—2 麻花钻结构

前刀面作用：______________________________；

主后刀面作用：______________________________；

副后刀面作用：______________________________；

主切削刃作用：______________________________；

副切削刃作用：______________________________；

横刃作用：______________________________；

棱边作用：______________________________。

（4）指出图 3—2—3 麻花钻中各个角度的含义和作用。

α_o是________角，定义是______________________________；

作用是____;

γ_o是________角，定义是____;

作用是____;

β是________角，定义是____;

作用是____;

$2\kappa_r$是________角，定义是____;

作用是____;

ψ是________角，定义是____;

作用是____。

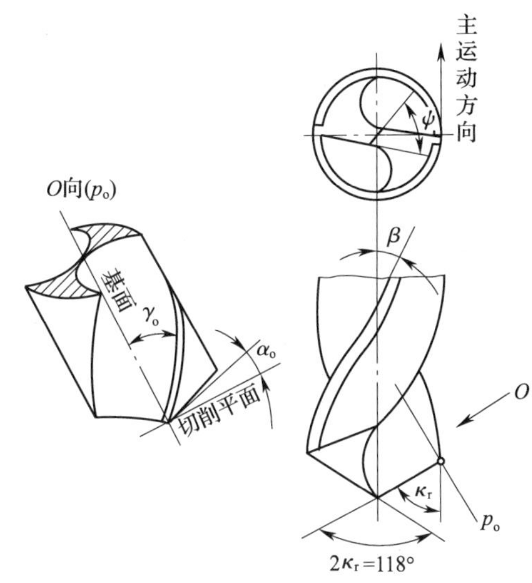

图 3—2—3　麻花钻角度

（5）填写表 3—2—2，说明麻花钻顶角大小对切削刃和加工的影响。

表 3—2—2　　麻花钻顶角大小对切削刃和加工的影响

顶角	$2\kappa_r>118°$	$2\kappa_r=118°$	$2\kappa_r<118°$
图示	>118°　凹形切削刃	118°　直线形切削刃	凸形切削刃　<118°

续表

顶角	$2\kappa_r > 118°$	$2\kappa_r = 118°$	$2\kappa_r < 118°$
两主切削刃的形状	凹曲线	直线	凸曲线
对加工的影响			
适用的材料			

2. 麻花钻的准备。

（1）请说明本次轴套加工任务中麻花钻的尺寸是多少，以及麻花钻刃磨的具体方法。

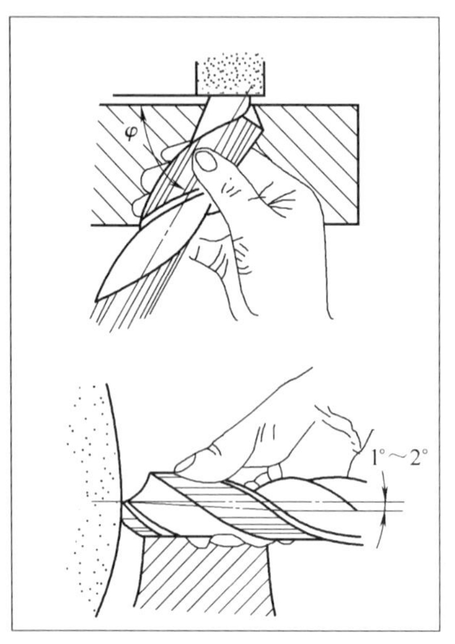

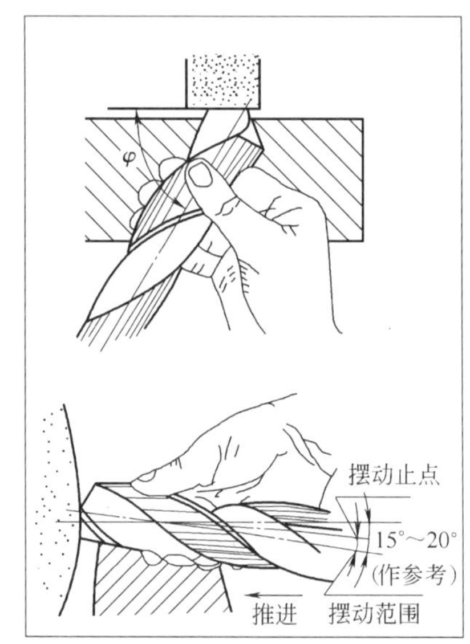

图 3—2—4　麻花钻的刃磨

（2）请说明本次轴套加工任务中麻花钻角度（顶角）的检查方法。

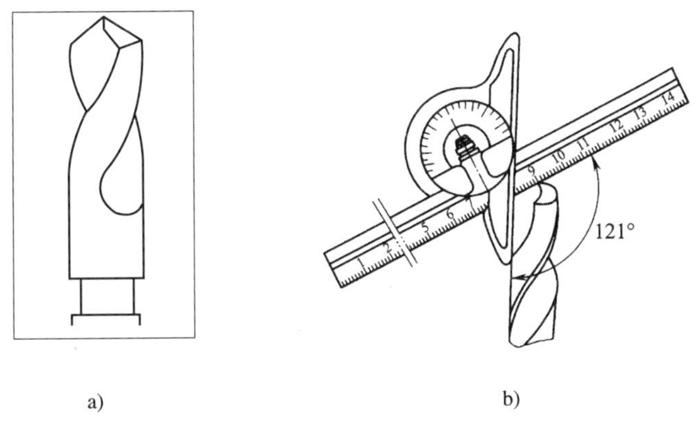

图 3—2—5　麻花钻角度的检查

（3）指出下图中麻花钻的修磨缺陷以及它们分别对孔加工的影响。

a 图麻花钻缺陷 ____，影响是________________________________。

b 图麻花钻缺陷 ____，影响是________________________________。

c 图麻花钻缺陷 ____，影响是________________________________。

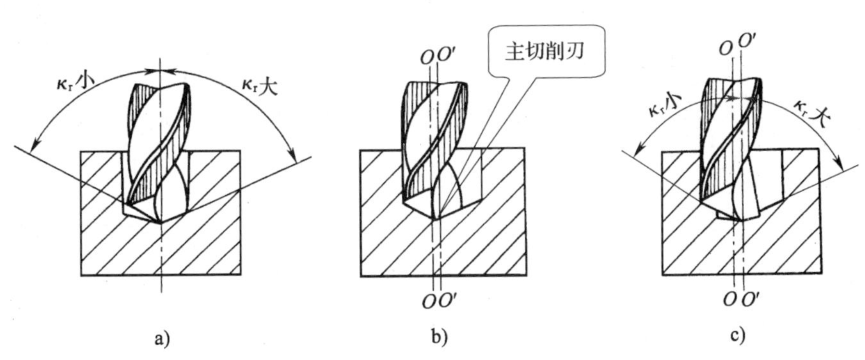

图 3—2—6　麻花钻刃磨情况对孔加工的影响

3. 在某些内孔加工的场合，在钻完孔后需加入扩孔或铰孔加工，如在本次轴套加工任务中内孔尺寸为 $\phi20^{+0.033}_{0}$ mm 的孔。查阅资料，完成以下内容。

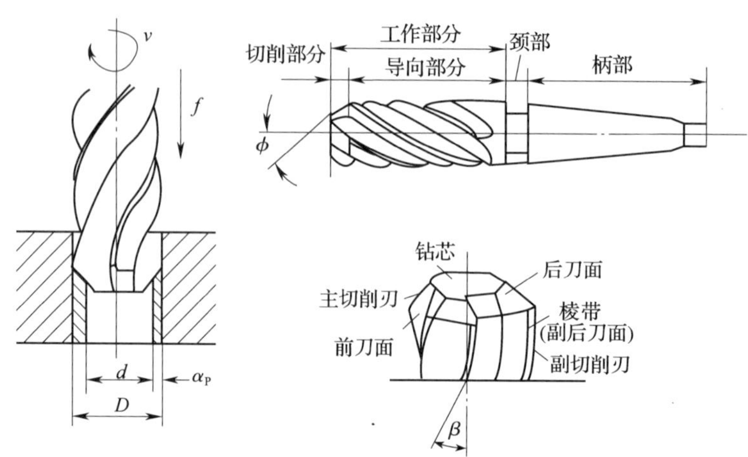

图 3—2—7　扩孔钻和扩孔加工

（1）扩孔钻和麻花钻在结构上的区别：____；

（2）扩孔钻的类型和使用场合：____。

安全提示

1. 新安装的砂轮必须经严格检查。在使用前要检查外表有无裂纹，可用硬木轻敲砂轮，检查其声音是否清脆。如果有碎裂声必须重新更换砂轮。

2. 砂轮在试转合格后才能使用。新砂轮安装完毕，先点动或低速试转，若无明显振动，再改用正常转速，空转 10 min，情况正常后才能使用。

3. 安装后必须保证装夹牢靠，运转平稳。砂轮机启动后，应在砂轮旋转平稳后再进行刃磨。

4. 砂轮旋转速度应小于允许的线速度，过高会爆裂伤人，过低又会影响刃磨质量。

5. 若砂轮跳动明显，应及时修整。平形砂轮一般可用砂轮刀在砂轮上来回修整，杯形细粒度砂轮可用金刚石笔或硬砂条修整。

6. 使用平形砂轮时，应尽量避免在砂轮的侧面刃磨。

7. 刃磨时，不能用力太大，以防打滑伤手。

8. 建议先用废旧麻花钻练习刃磨。

9. 刃磨结束后，应随手关闭砂轮机电源。

表 3—2—3　　麻花钻刃磨质量评分标准

序号	考核项目		考核内容及要求	配分	评分标准	检测结果	得分
1	麻花钻	后角 α_o	10°～14°（外缘处的圆周后角）	4	超差不得分		
2			不能为负后角	3	不符合要求不得分		
3		顶角 $2\kappa_r$	118°±2°	4	超差不得分		
4			顶角的一半 59°±1°	4	超差不得分		
5		横刃斜角 ψ	55°±2°	4	超差不得分		
6		两主切削刃	长度相差≤0.1 mm	4	超差不得分		
7			2 条刀刃平直无锯齿	6	不符合要求不得分		
8			2 条刀刃不能被局部磨掉	6	不符合要求不得分		
9			2 条刀刃刃口不能退火	6	不符合要求不得分		
10		表面粗糙度	主后面 Ra1.6 μm 2 处	8	不符合要求不得分		
11		修磨横刃	修磨后的横刃长度为原长的 1/5～1/3	6	不符合要求不得分		
12			横刃处的前角增大得合适（2 处）	6	不符合要求不得分		
13	工具设备的使用与维护		正确、规范使用量具、刃具，合理保养及维护量具、刃具	24	不符合要求酌情扣分		
			正确、规范使用设备，合理保养及维护设备				
			操作姿势、动作正确				
14	安全及其他		遵守国家颁发的有关法规或企业自定的有关规定	15	一项不符合要求扣 2 分，发生较大事故者取消考核资格		
			操作、工艺规程正确		一处不符合要求扣 2 分		
			麻花钻局部无缺陷		不符合要求从总分中扣 1～10 分		
总分							
指导教师评价			指导教师：　　年　月　日				

（二）本次任务中车孔刀的准备

本次任务要求掌握车孔刀的刃磨方法，并利用车孔刀进行试车孔，以验证车孔刀的刃磨质量。

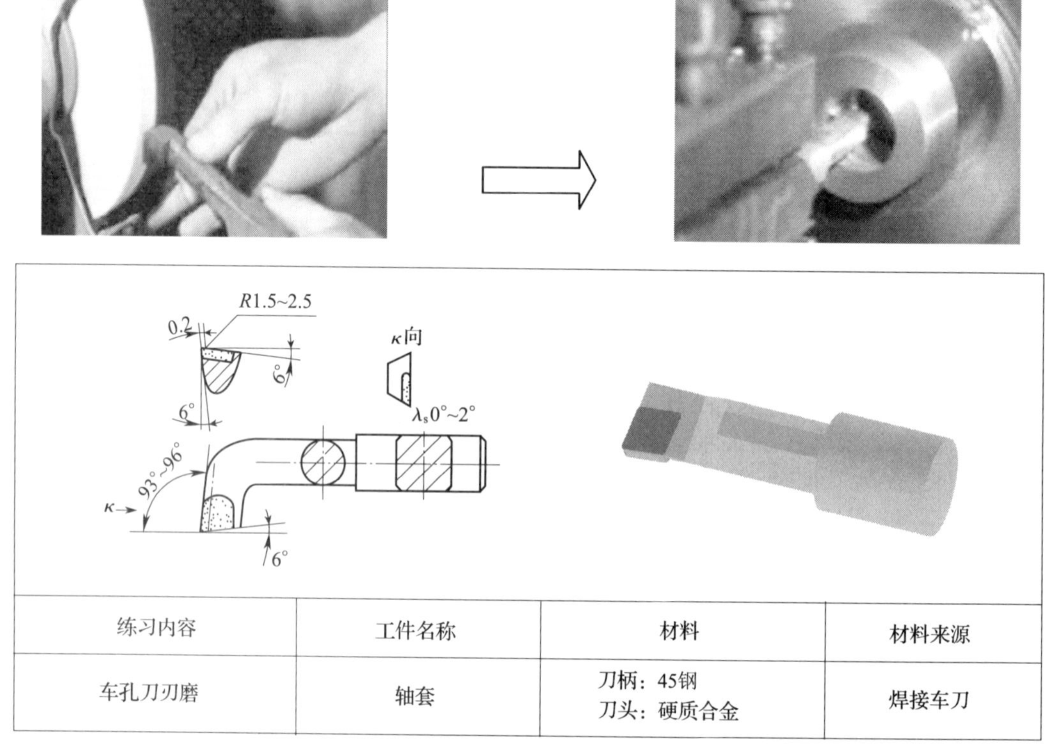

练习内容	工件名称	材料	材料来源
车孔刀刃磨	轴套	刀柄：45钢 刀头：硬质合金	焊接车刀

图 3—2—8　车孔刀

学习车孔刀的知识与刃磨技能时，可参照如下步骤进行：

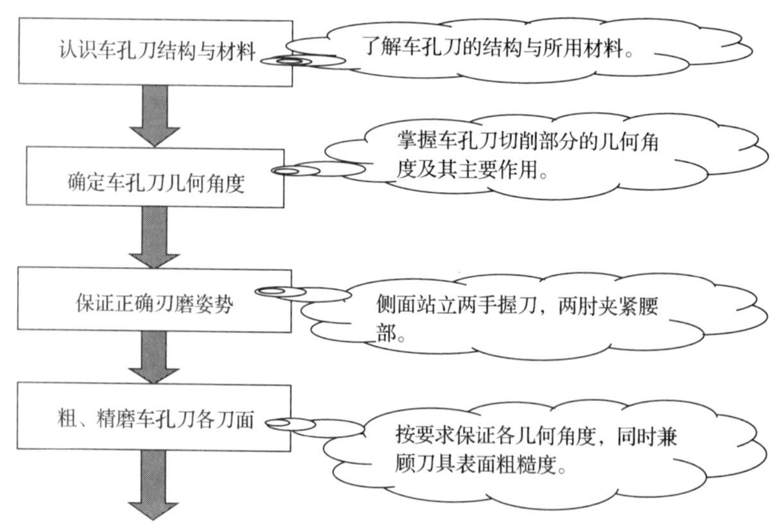

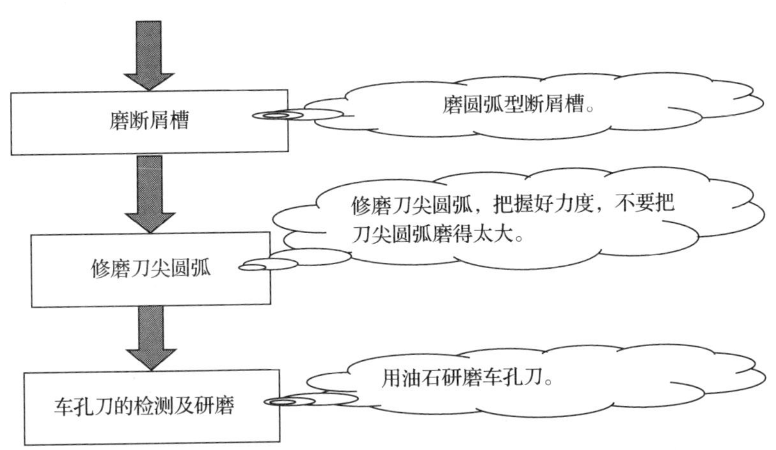

1. 本次轴套加工任务中 $\phi24\ ^{+0.033}_{0}$ mm 的孔由车孔刀（镗刀）完成加工，车孔刀是实现内孔加工的常用刀具。

(1) 车孔刀资料的收集。

说明车孔刀的主要应用场合，以及它所能达到的尺寸精度和表面粗糙度。

1) 主要应用场合：

2) 车孔刀能达到的尺寸精度和表面粗糙度：

（2）说明本任务中车孔刀的主要角度，以及它们分别在哪个基准坐标平面中测量。

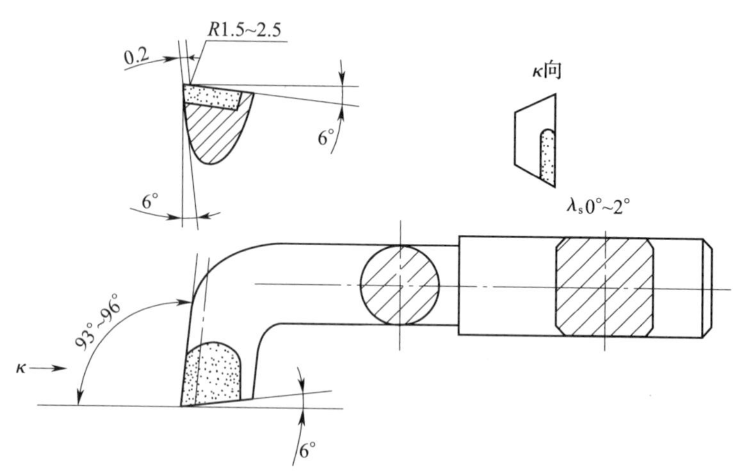

图 3—2—9　车孔刀的角度

前角 γ_o：__________与__________的夹角，在__________面中测量，其值是__________；

主后角 α_o：__________与__________的夹角，在__________面中测量，其值是__________；

主偏角 κ_r：__________与__________的夹角，在__________面中测量，其值是__________；

副偏角 κ_r'：__________与__________的夹角，在__________面中测量，其值是__________；

刃倾角 λ_s：__________与__________的夹角，在__________面中测量，其值是__________。

（3）车孔刀的分类及选择。

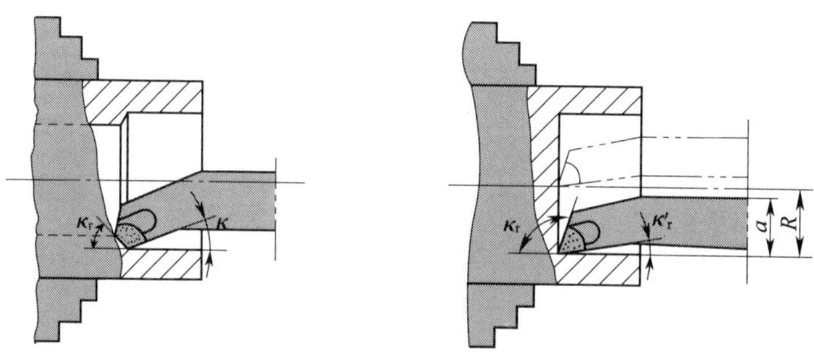

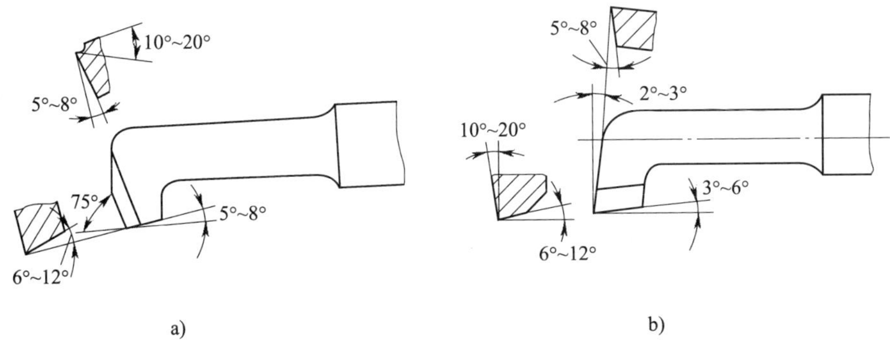

图 3—2—10　两种车孔刀

图 a 为__________车刀，适合加工__________孔；

图 b 为__________车刀，适合加工__________孔。

简单说明这两种车刀的区别（角度、a 值等）。

（4）车孔刀刀头材料的选择。

加工不同材料的零件所选用的刀具材料也不同，在本次加工任务中轴套的材料是 45 钢，在一般情况下刀头会选择硬质合金材料，而常见车孔刀硬质合金刀头材料主要有：钨钴类硬质合金（YG）、钨钴钛类硬质合金（YT）、添加稀有金属的硬质合金【钨钽（铌）钴类硬质合金（YA）和钨钛钽（铌）钴类硬质合金（YW）】。

1）试说明它们的组织成分和应用范围：

钨钴类硬质合金类（YG）

组织成分：______________________________

应用范围：______________________________

钨钴钛类硬质合金类（YT）

组织成分：______________________________

应用范围：______________________________

添加稀有金属的硬质合金（YA 或 YW）

组织成分：______________________________

应用范围：________________________________

本次轴套加工我们选择的硬质合金材料类型是：________________

2）对于同一种车孔刀刀头材料，它们的牌号不同其性能和加工特性也有很大的不同，下面分别就不同牌号的 YG 和 YT 类硬质合金作详细对比说明，完成表 3—2—4（在对应栏里打“√”）。

表 3—2—4　　不同刀头材料的车孔刀的应用场合

应用场合	牌号					
	钨钴类硬质合金（YG）			钨钴钛类硬质合金（YT）		
	YG3	YG6	YG8	YT5	YT15	YT30
粗加工						
半精加工						
精加工						

2. 车孔刀的刃磨。

表 3—2—5　　车孔刀刃磨过程表

步骤	刃磨内容	提示
粗磨前刀面	刃磨要求：去除焊渣，控制前角为 0° 刃磨方法：左手捏刀头，右手握刀柄，刀柄保持平直，磨出前面	

续表

步骤	刃磨内容	提示
粗磨主后刀面	刃磨要求：________________ 刃磨方法：________________ ________________	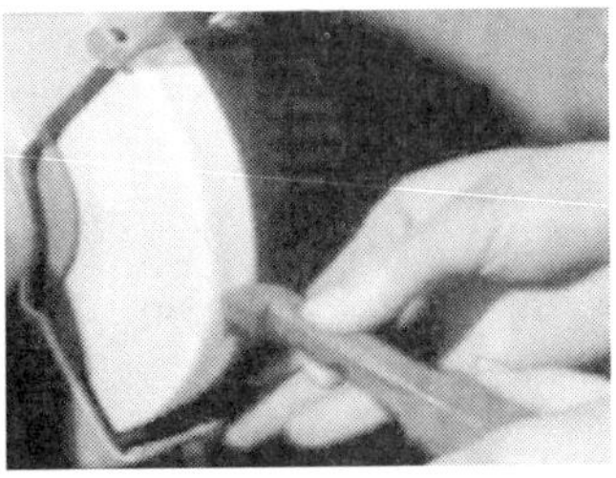
粗磨副后刀面	刃磨要求：________________ 刃磨方法：________________ ________________	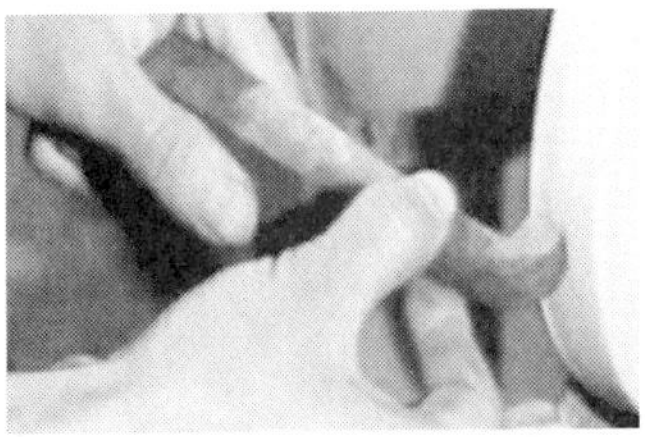
粗、精磨前角	刃磨要求：________________ 刃磨方法：________________ ________________	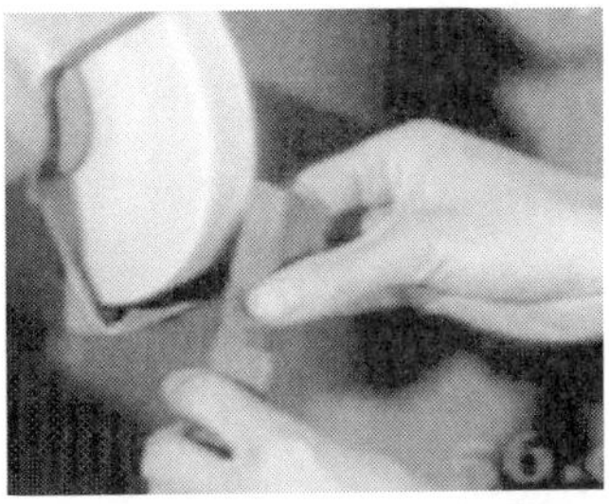
精磨主后面、副后面	刃磨要求：________________ 刃磨方法：________________ ________________	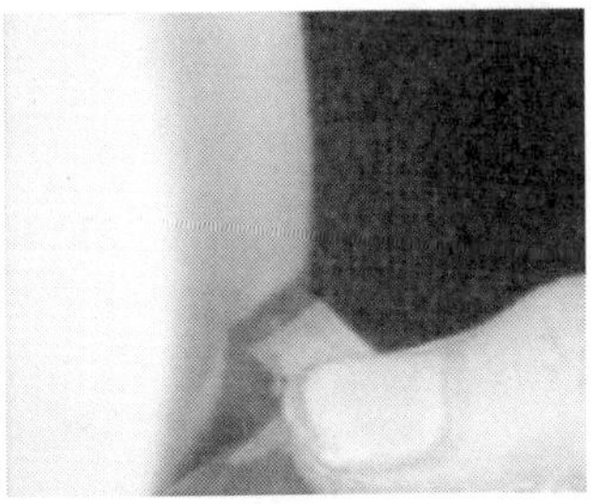
修磨刀尖圆弧	刃磨要求：________________ 刃磨方法：________________ ________________	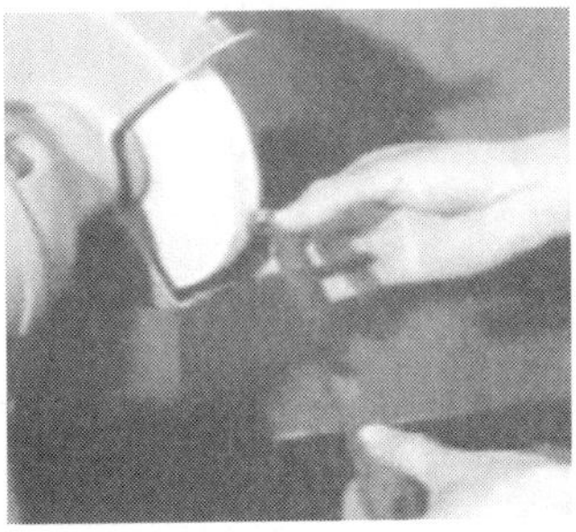

操作提示

1. 车刀刃磨时，不能用力太大，以防打滑伤手。
2. 刃磨车孔刀卷屑槽前，应先修整砂轮边缘处成为小圆角。
3. 卷屑槽不能磨得太宽，以防车孔时排屑困难。
4. 先磨练习刀，再磨硬质合金车孔刀。
5. 结束后，应随手关闭砂轮机电源。

表 3—2—6　　车孔刀刃磨检测分析表

检测内容	检测所用方法	检测结果	是否合格
前角			
主后角			
副后角			
主偏角			
副偏角			
刀尖圆弧			
断屑槽			
切削刃直线度			
三个刀面的表面粗糙度			
安全文明刃磨			
分析造成不合格项目的原因： 改进措施：			

指导教师意见：

（三）本次任务中铰刀的准备

在本次轴套加工任务中内孔尺寸为 $\phi20\ ^{+0.033}_{0}$ 的孔其尺寸精度比较高又是基准，而且本身该内孔比较深，由于受刚度的影响不适合用车孔刀来直接加工，$\phi20\ ^{+0.033}_{0}$ 的孔加工需要铰削完成。

1. 铰刀的学习。

（1）收集资料。

说明铰削加工的主要应用场合，以及它所能达到的尺寸精度和表面粗糙度。

1）主要应用场合：

2）铰削所能达到的尺寸精度和表面粗糙度：

（2）由下图说明铰刀的结构组成，以及各部分的作用，并说明列举出的四种铰刀的用途。

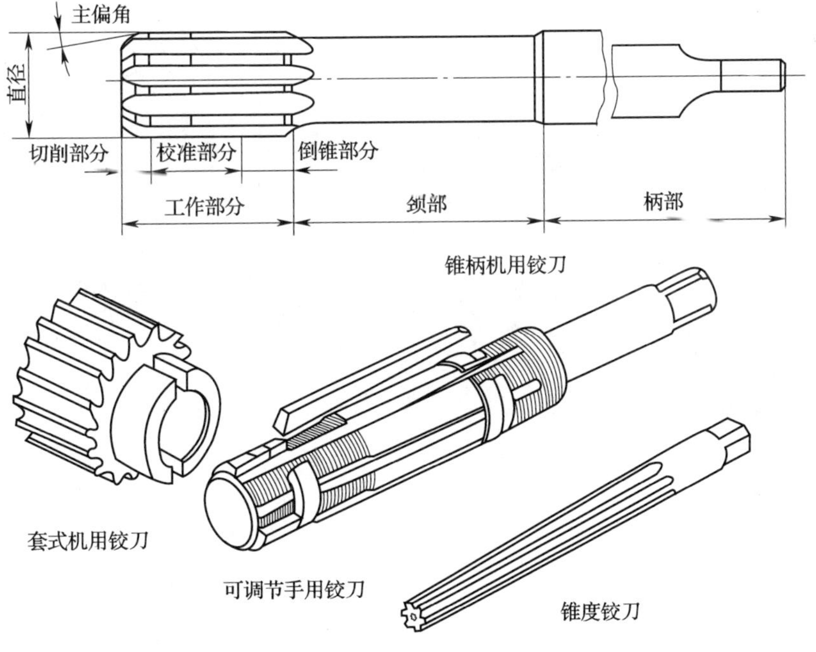

图 3—2—11　几种常用铰刀

1）铰刀结构组成及各部分的作用。

2）四种铰刀的用途。

锥柄机用铰刀的作用：

套式机用铰刀的作用：

可调节手用铰刀的作用：

锥度铰刀的作用：

（3）收集资料，说明下图铰刀工作部分中前角、后角、主偏角的大致角度范围。

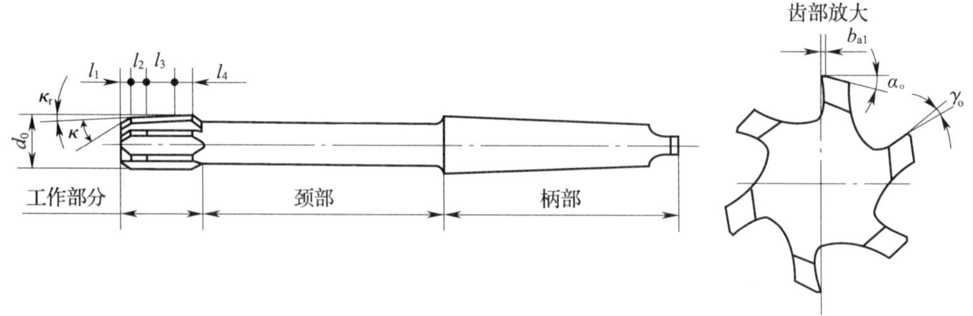

图 3—2—12　铰刀结构组成

2. 铰刀的准备。

（1）铰削时余量的大小直接影响到铰孔的质量，铰孔前余量一般为________________，用高速钢铰刀铰削余量取________（大些或小些），用硬质合金铰刀铰削余量取______（大些或小些）。

（2）铰刀的基本尺寸与孔基本尺寸相同，铰刀的公差是根据孔的精度等级、加工时可能出现的扩大量或收缩量及允许铰刀的磨损量来确定的。一般按下面的计算方法来确定铰刀的上偏差和下偏差：

上偏差 = ________________________________

下偏差 = ________________________________

（3）若轴套零件内孔尺寸为 $\phi20^{+0.033}_{0}$ mm，采用钻—扩—铰的工序加工，试问这三种刀具的尺寸分别是多少。

（四）对本次活动中刃磨好的麻花钻、车孔刀等刀具进行试切削，检查是否能正常切削，如果出现问题请说明具体原因和解决的办法。

（五）轴套内孔量具的准备

1. 本次任务中检测内孔尺寸时涉及到内径百分表的使用，由下面内径百分表的结构图，说明它的常用规格、结构组成和简单测量原理，并具体说明内径百分表的测量步骤。

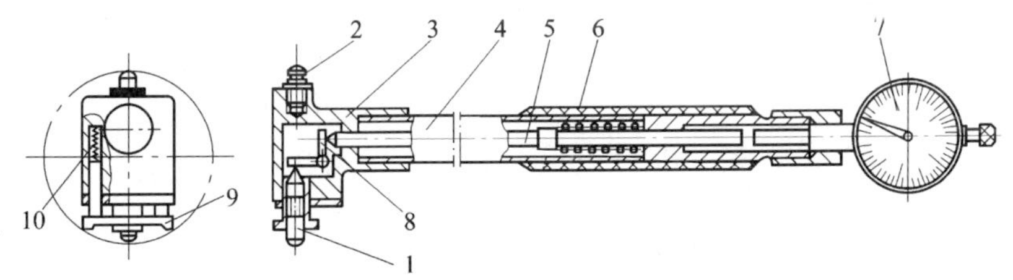

图 3—2—13　内径百分表结构

常用规格：

结构组成：

测量步骤：

2. 本次任务中检测内孔几何公差时涉及到杠杆百分表的使用，请你说明杠杆百分表的一般测量范围、结构组成、使用注意事项。

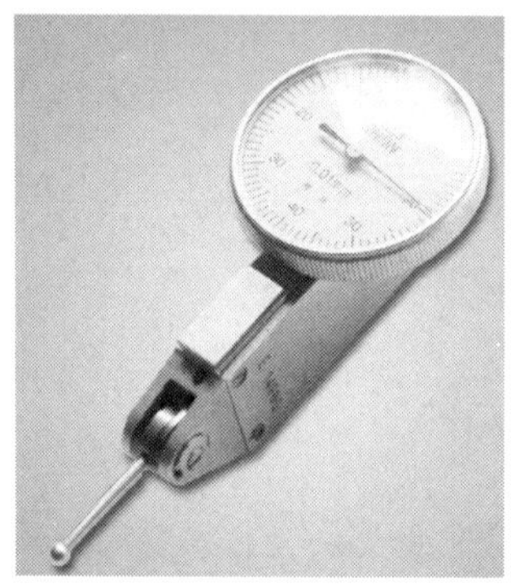

图 3—2—14　杠杆百分表

测量范围：

结构组成：

测量时注意事项：

学习活动3　轴套的加工

学习目标

1. 能正确识读轴套加工工序卡片，进一步明确轴套的加工方法。

2. 能按轴套的图样要求，测量毛坯外形尺寸，判断毛坯是否有足够的加工余量。

3. 能检查机床功能完好情况，按操作规程进行加工前机床润滑、预热等准备工作。

4. 能正确规范地装夹麻花钻、扩孔钻、铰刀以及车孔刀等刀具。

5. 能正确合理地选择麻花钻、扩孔钻、铰刀以及车孔刀等刀具的切削用量。

6. 能利用内径百分表对加工孔径进行正确规范地测量。

7. 能对轴套零件的内孔尺寸进行控制。

8. 能掌握切削液的种类和使用场合，正确选择本次任务要求的切削液。

9. 能对加工中的轴套进行自检，判断零件是否合格。

10. 能严格根据车间管理规定，正确规范地操作机床。

11. 能按车间现场管理规定和产品工艺流程的要求，正确放置轴套零件并进行质量检验和确认。

12. 能按照国家环保相关规定和车间要求，正确处置废油液等废弃物。

13. 能按产品工艺流程和车间要求，进行产品交接并规范填写交接班记录表。

14. 能严格按照车间管理规定，正确规范地保养机床。

15. 能主动获取有效信息，展示工作成果，对学习与工作进行反思总结，并能与他人开展良好合作，进行有效的沟通。

16. 能按要求正确规范地完成本次学习活动工作页的填写。

建议学时：18 学时。

学习过程

一、制定加工步骤

（一）步骤一：轴套零件的钻孔加工

1. 在本次轴套钻孔时我们选择乳化液对麻花钻进行冷却和润滑。而对于不同的刀具类型和工件材料，我们选择的切削液是不同的。请在以下表格中，正确选择加工不同材料时所用的切削液。

表 3—3—1 选择切削液

麻花钻种类	加工材料					
	低碳钢	中高碳钢	合金钢不锈钢	铸铁	铝合金	铜合金
高速钢麻花钻						
镶硬质合金麻花钻						

2. 钻孔时切削用量的选择。

1）钻孔切削用量的确定

①背吃刀量：a_p = ______________；

②钻削速度：根据钻削材料、麻花钻直径确定，一般 v_c = __________；

③进给量 f：根据手感力度确定进给量大小，一般 f = ____________。

2）若本次轴套加工中选用直径为 16 mm 的麻花钻钻孔，工件材料为 45 钢，选用车床主轴转速为 400 r/min，求背吃刀量 a_p 和切削速度 v_c。

安全提示

钻孔时注意事项

（1）钻孔前应车端面，防止麻花钻摆动折断麻花钻。

（2）麻花钻将要钻透工件时（进给手感轻松）进给量要小。

（3）麻花钻钻进 1～2 mm 时要停车测量孔径，防止孔径超差。

（4）钻削前要检查麻花钻是否弯曲，麻花钻、钻夹头柄部及钻套是否干净，防止钻削时孔径扩大或钻柄在尾座套筒内打滑。

（二）步骤二：轴套零件的铰孔加工

1. 轴套零件 $\phi 20^{+0.033}_{0}$ mm 的内孔采用钻—扩—铰的工序加工，但是如果加工时不加注意，铰出的孔同样会产生一些质量问题，下面请你分析铰孔时产生废品的原因及预防方法，并完成表 3—3—2。

表 3—3—2　铰孔时产生废品的原因及预防方法

铰孔时产生废品的种类	产生原因（列举至少三种）	预防措施
孔径扩大		
表面粗糙度差		

2. 在本次轴套铰孔时我们选择乳化液对铰刀进行冷却和润滑，以保证孔径表面的光洁。而对于不同的刀具类型和工件材料，我们选择的切削液是不同的。请查阅有关资料，试完成表 3—3—3。

表 3—3—3 选择切削液

铰刀	加工材料		
	钢件	铸铁	青铜或铝合金
选用的切削液			

3. 完成表 3—3—4，说明切削液对铰孔质量的影响。

表 3—3—4 切削液对铰孔质量的影响

切削液的性质	孔径变化情况	表面粗糙度
水溶性切削液（乳化液）		
机油、柴油煤油		
干铰		

操作提示

铰通孔的方法

1. 摇动尾座手轮，使铰刀的引导部分轻轻进入孔口，深度约 1 ~2 mm。

2. 启动车床，加注充分的切削液，双手均匀摇动尾座手轮，进给量约 0.5 mm/r，均匀地进给至铰刀切削部分 3/4 超出孔尾端时，即反向摇动尾座手轮，将铰刀从孔内退出。此时，工件应继续做主运动。

3. 将内孔擦净后，检查孔径尺寸。

安全提示

铰孔时注意事项

1. 选用铰刀时应检查刃口是否锋利，柄部是否光滑。

2. 铰孔时，铰刀的中心线必须与车床主轴轴线重合。

3. 根据选定的切削速度和孔径大小调整车床主轴转速。

4. 安装铰刀时，应注意锥柄和锥套的清洁。

5. 铰刀由孔内退出时，车床主轴应仍保持正转不变，切不可反转，以防损坏铰刀刃口和加工表面。

6. 应先试铰，以免造成废品。

（三）步骤三：轴套零件的车孔加工

轴套零件中 $\phi24^{+0.033}_{0}$ mm 的内孔是通过车孔来完成的，下面来学习车孔的相关工艺知识。

1. 本次任务中车孔刀的装夹。

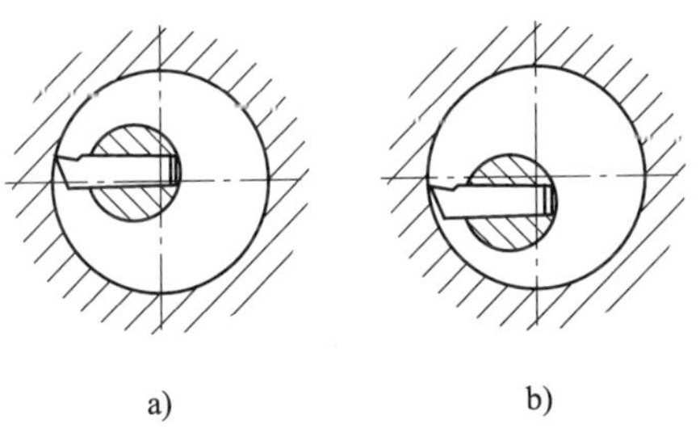

图 3—3—1　车孔刀的装夹方法

a）刀尖高于中心　b）刀尖低于中心

车孔刀的装夹直接影响到车削情况及孔的精度，装夹时要注意：

（1）刀尖应与工件中心 ____________ 。如果装得低于中心，由于切削力的作用，容易将刀柄压低而产生扎刀现象，并可造成孔径扩大。

（2）刀柄伸出刀架不宜过长，一般比被加工孔长 ________ mm。

（3）刀柄基本平行于工件轴线，否则 ______________________________

______________________________。

（4）盲孔车刀装夹时，车刀的主刃应与孔底平面成________（填度数范围），并且在车平孔底面时要求横向有足够的退刀余地。

2. 本次任务中车孔的关键技术。

车孔的关键技术是要解决车孔刀的刚度和排屑问题。试述为解决这两大关键技术可以采取的措施。

增加车孔刀刚度可以采取的措施：

改善车孔刀排屑问题可以采取的措施：

3. 本次轴套加工任务中内孔车削时切削用量的确定。

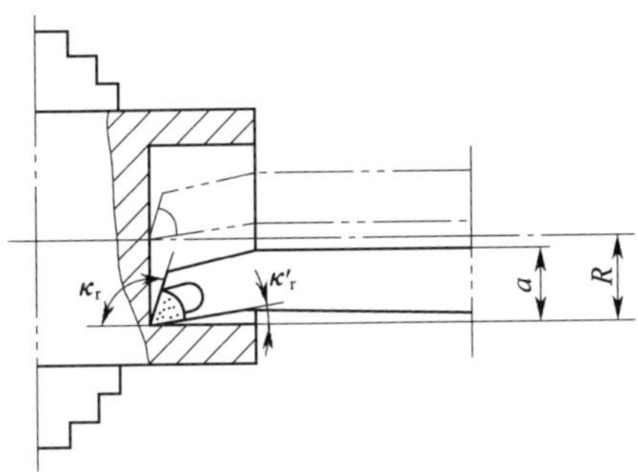

图 3—3—2　内孔车削

（1）由切削速度公式：$v_c = \frac{\pi dn}{1\ 000}$，其中，在内孔车削时 d 指的是：

在内孔车削时 n 指的是：

（2）假如目前用硬质合金车孔刀车削轴套图样中 ϕ24 mm 内孔，工件材料如下所示，请分别确定在粗车和精车时相应的切削用量三要素。

表 3—3—5　确定切削用量三要素

	45 钢			HT200			硬铝		
切削用量	v_c（n）	a_p	f	v_c（n）	a_p	f	v_c（n）	a_p	f
粗车									
精车									

4. 内孔加工过程中，经常会碰到一些质量问题，下面请分析在轴套内孔加工过程中遇到的问题或通过查阅相关资料，回答车孔时产生废品的原因及预防方法（每项至少写出三项）。

表3—3—6　　车孔时产生废品的原因及预防方法

废品种类	产生原因	预防方法
尺寸不对		
内孔有锥度		
内孔不圆		
内孔表面粗糙度差		

安全提示

车孔时注意事项

1. 注意中滑板进、退刀方向与车外圆相反。

2. 车削铸铁内孔至接近孔径尺寸时，不要用手去抚摸，以防增加车削困难。

3. 精车内孔时，应保持刀刃锋利，否则容易产生让刀（因刀柄刚度差），把孔车成锥形。

4. 车小内孔时，应注意排屑问题，否则由于内孔切屑阻塞，会造成内孔刀严重扎刀而把内孔车废。

5. 用内径百分表测量时，不能超过其弹性极限，强迫把表放入较小的内孔中，在旁侧的压力下，容易损坏机件。

二、根据轴套零件图样，识读轴套加工工序卡片

表 3—3—7　　加工工序卡 10

<table>
<tr><td rowspan="2">轴套加工工序卡片</td><td>产品型号</td><td></td><td>零件图号</td><td>3 -001</td><td colspan="6"></td></tr>
<tr><td>产品名称</td><td></td><td>零件名称</td><td>轴套</td><td>共</td><td>2</td><td>页</td><td>第</td><td>1</td><td>页</td></tr>
<tr><td rowspan="11">技术要求：
未注倒角C1</td><td colspan="2">车间</td><td>工序号</td><td>工序名称</td><td colspan="6">材料牌号</td></tr>
<tr><td colspan="2">车</td><td>10</td><td>车轴套右端</td><td colspan="6">45</td></tr>
<tr><td colspan="2">毛坯种类</td><td>毛坯外形尺寸</td><td>每毛坯可制件数</td><td colspan="6">每 台 件 数</td></tr>
<tr><td colspan="2">圆棒料</td><td>φ50 mm×75 mm</td><td>1</td><td colspan="6"></td></tr>
<tr><td colspan="2">设备名称</td><td>设备型号</td><td>设备编号</td><td colspan="6">同时加工件数</td></tr>
<tr><td colspan="2">车床</td><td>CA6140</td><td></td><td colspan="6">1</td></tr>
<tr><td colspan="3">夹具编号</td><td colspan="2">夹具名称</td><td colspan="5">切削液</td></tr>
<tr><td colspan="3">CJJ -01</td><td colspan="2">三爪自定心卡盘</td><td colspan="5">乳化液</td></tr>
<tr><td colspan="3" rowspan="2">工位器具编号</td><td colspan="2" rowspan="2">工位器具名称</td><td colspan="5">工序工时（分）</td></tr>
<tr><td colspan="2">准终</td><td colspan="3">单件</td></tr>
<tr><td colspan="3"></td><td colspan="2"></td><td colspan="2"></td><td colspan="3"></td></tr>
</table>

工步号	工步内容	工艺装备	主轴转速（r/min）	切削速度（m/min）	进给量（mm/r）	背吃刀量（mm）	进给次数	工步工时 机动	工步工时 辅助
01	车端面	端面车刀、游标卡尺	600	94.2	0.15	1.5	2		
10	钻底孔	φ16 mm 麻花钻、游标卡尺	350	17.6	0.3	8	1		

续表

工步号	工步内容	工艺装备	主轴转速（r/min）	切削速度（m/min）	进给量（mm/r）	背吃刀量（mm）	进给次数	工步工时	
								机动	辅助
20	扩孔	ϕ19. 8 mm 麻花钻、游标卡尺	400	24. 9	0. 3	1. 9	1		
30	粗车 $\phi48_{-0.12}^{0}$ mm 外圆至 $\phi48.5_{0}^{+0.3}$ mm	外圆车刀、游标卡尺	600	94. 2	0. 2	0. 75	1		
40	铰孔	ϕ20 mm 铰刀、内径百分表	100	6. 28	0. 2	0. 1	1		
50	粗车 $\phi24_{0}^{+0.033}$ mm 内孔至 $\phi23_{0}^{+0.3}$ mm	车孔刀、游标卡尺	400	28. 9	0. 2	1	2		
60	精车 $\phi24_{0}^{+0.033}$ mm 内孔至图样要求	车孔刀、游标卡尺	400	30. 1	0. 1	0. 5	1		
70	精车 $\phi48_{-0.12}^{0}$ mm 外圆至图样要求	外圆车刀、千分尺	800	120. 6	0. 1	0. 25	1		

设 计（日 期）	校 对（日期）	审 核（日期）	标准化（日期）	会 签（日期）

表 3—3—8

加工工序卡 20

轴套加工工序卡片	产品型号		零件图号	3 - 001						
	产品名称		零件名称	轴套	共	2	页	第	2	页

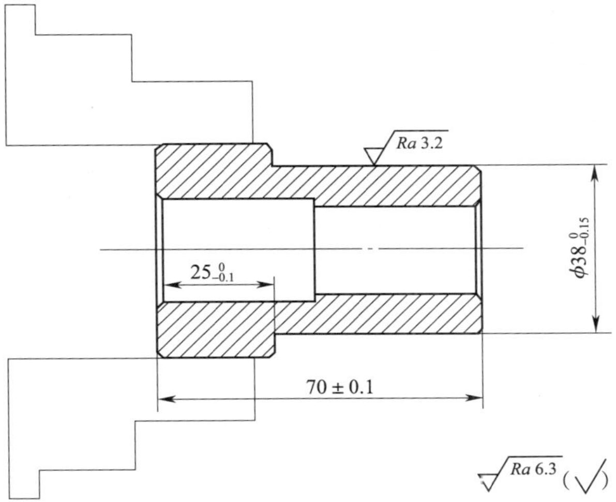

车间	工序号	工序名称	材料牌号
车	20	车轴套左端	45
毛坯种类	毛坯外形尺寸	每毛坯可制件数	每台件数
圆棒料		1	
设备名称	设备型号	设备编号	同时加工件数
车床	CA6140		1

夹具编号	夹具名称	切削液	
CJJ - 01	三爪自定心卡盘	乳化液	
工位器具编号	工位器具名称	工序工时（分）	
		准终	单件

技术要求：
未注倒角$C1$

工步号	工步内容	工艺装备	主轴转速（r/min）	切削速度（m/min）	进给量（mm/r）	背吃刀量（mm）	进给次数	工步工时	
								机动	辅助
01	车端面	端面车刀、游标卡尺	600	94. 2	0. 15	1	2		
20	粗车 $\phi38_{-0.15}^{0}$ mm 外圆至 $\phi38.5_{0}^{+0.3}$ mm	外圆车刀、游标卡尺	600	72. 5	0. 2	1. 5	4		

续表

工步号	工步内容	工艺装备	主轴转速（r/min）	切削速度（m/min）	进给量（mm/r）	背吃刀量（mm）	进给次数	工步工时	
								机动	辅助
30	精车 $\phi38_{-0.15}^{0}$ mm 外圆至图样要求	外圆车刀、千分尺	800	95.4	0.1	0.25	1		

	设计（日期）	校对（日期）	审核（日期）	标准化（日期）	会签（日期）

1. 请你根据轴套加工工序卡说明何为工步，它的区分原则是什么，为什么要这样编排工步。

2. 请你根据轴套加工工序卡说明钻孔、扩孔、铰孔的背吃刀量如何确定。

三、填写领料单

表 3—3—9　　领料单

填表日期：　年　月　日　　　　发料日期：　年　月　日

<table>
<tr><td>领料部门</td><td></td><td>产品名称及数量</td><td colspan="4"></td></tr>
<tr><td>领料单号</td><td></td><td>零件名称及数量</td><td colspan="4"></td></tr>
<tr><td rowspan="2">材料名称</td><td rowspan="2">材料规格及型号</td><td rowspan="2">单位</td><td colspan="2">数量</td><td rowspan="2">单价</td><td rowspan="2">总价</td></tr>
<tr><td>请领</td><td>实发</td></tr>
<tr><td></td><td></td><td></td><td></td><td></td><td></td><td></td></tr>
<tr><td>材料说明用途</td><td>材料仓库</td><td>主管</td><td>发料数量</td><td>领料部门</td><td>主管</td><td>领料数量</td></tr>
<tr><td></td><td></td><td></td><td></td><td></td><td></td><td></td></tr>
</table>

四、完成加工

1. 在机床上完成轴套零件的加工，并将加工过程中出现的问题记录下来。

2. 加工完毕后，按照图纸要求进行自检，正确放置零件，并进行产品交接确认；按照国家环保相关规定和车间要求，整理现场，正确处置废油液等废弃物；按车间规定填写交接班记录（见附表1）。

3. 轴套加工完成后要对车床进行保养，请根据车床保养的实际情况填写设备日常保养记录卡（见附表2）。

学习活动 4　轴套的测量及误差分析

学习目标

1. 能利用标准平板、V 形架、杠杆百分表等工量具准确规范地测量轴套零件的几何误差。

2. 能根据轴套的测量结果，分析几何误差产生的原因。

3. 能正确规范地使用工量具，并对其进行合理保养和维护。

4. 能规范填写轴套几何误差测量报告。

5. 能按检验室管理要求，正确放置检验工量具。

6. 能主动获取有效信息、展示工作成果，对学习与工作进行反思总结，并能与他人良好合作，进行有效地沟通。

7. 能按要求正确规范地完成本次学习活动工作页的填写。

建议学时：2 学时。

学习过程

一、轴套零件尺寸误差的测量

轴套零件 $\phi24^{+0.033}_{0}$ mm 内孔尺寸除了用内径百分表进行测量外，你还能说出其他测量内孔直径的方法吗？

操作提示

内径百分表的使用注意事项

1. 用内径百分表测量前，应首先检查整个测量装置是否正常，如固定测量头有无松动，百分表是否灵活，指针转后是否能回到原来位置，指针对准的“0”是否走动等。

2. 用内径表测量时，要注意百分表的读数：

（1）长指针和短指针应结合观察，以防指针多转一圈。

（2）短指针位置基本符合，长指针转至“0”位线附近时，应防止“+、-”数值搞错。长指针过“0”位线则孔小；反之，则孔大。

二、轴套零件几何误差的测量

本次任务中涉及同轴度和垂直度的测量，请由下面两幅图，分别说明径向圆跳动的测量方法。

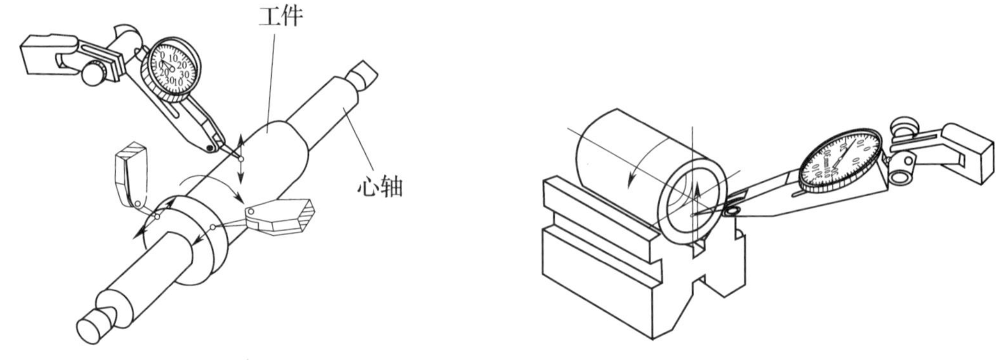

图 3—4—1　径向圆跳动的测量方法

三、填写轴套零件质量检验单

表 3—4—1　　轴套零件质量检验单

序号	考核项目	考核内容及要求	配分 IT Ra	评分标准	检验结果 IT Ra	得分
1	外圆	$\phi 48_{-0.12}^{0}$ mm，$Ra3.2$ μm	8.5，2	超差不得分		
2		$\phi 38_{-0.15}^{0}$ mm，$Ra3.2$ μm	8.5，2	超差不得分		
3	内孔	$\phi 20_{0}^{+0.033}$ mm，$Ra1.6$ μm	10，2	超差不得分		
4		$\phi 24_{0}^{+0.033}$ mm，$Ra1.6$ μm	10，2	超差不得分		
5	长度	70 ± 0.1 mm，$25_{-0.1}^{0}$ mm	5，5	超差不得分		
6	几何公差	◎ φ0.03 A	8	超差不得分		
7		⊥ 0.02 A	8	超差不得分		
8	倒角	5 处倒角	5	超差不得分		
9	表面粗糙度	其余四处 $Ra6.3$ μm	4	每升高一级扣 3 分		
10	工具、设备的使用与维护	正确、规范使用工、量、刃具，合理保养及维护工、量、刃具	10	不符合要求酌情扣 1～10 分		
		正确、规范使用设备，合理保养及维护设备		不符合要求酌情扣 1～5 分		
		操作姿势、动作正确		不符合要求酌情扣 1～5 分		
11	安全与其他	安全文明生产，按国家颁布的有关法规或企业自定的有关规定	10	一项不符合要求扣 2 分，发生较大事故取消考核资格		
		操作、工艺规范正确		一处不符合扣 2 分		
		工件各表面无缺陷		不符合要求扣 1～8 分		
总分						

注：时间定额为 150 min；超过 10 min 扣 10 分；超过 30 min 不合格。

四、填写轴套零件几何公差测量报告

表 3—4—2　　几何公差测量报告

测量内容	同轴度	零件名称	
测量工具和仪器		测量人员	
班级		日期	

一、测量目的：

二、测量步骤：

三、测量要领：

四、结论（误差分析）：

测量内容	垂直度	零件名称	
测量工具和仪器		测量人员	
班级		日期	

一、测量目的：

二、测量步骤：

三、测量要领：

四、结论（误差分析）：

操作提示

杠杆百分表的使用操作

杠杆百分表是利用杠杆齿轮传动将测杆的直线位移变为指针的角位移的计量器具，主要用于比较测量和产品几何误差的测量。

一、使用前检查

1. 检查相互作用：轻轻移动测杆，表针应有较大位移，指针与表盘应无摩擦，测杆、指针无卡阻或跳动。

2. 检查测头：测头应为光洁圆弧面。

3. 检查稳定性：轻轻拨动几次测头，松开后指针均应回到原位。

4. 沿测杆安装轴的轴线方向拨动测杆，测杆无明显晃动，指针位移应不大于0.5 个分度。

二、读数方法

读数时眼睛要垂直于表针，防止偏视造成读数误差。测量时，观察指针转过的刻度数目，乘以分度值得出测量尺寸。

三、正确使用

1. 将表固定在表座或表架上，稳定可靠。

2. 调整表的测杆轴线垂直于被测尺寸线。对于平面工件，测杆轴线应平行于被测平面；对于圆柱形工件，测杆的轴线要与过被测母线的相切面平行，否则会产生很大的误差。

3. 测量前调“0”。比较测量用对比物（量块）做“0”基准。几何误差测量用工件做“0”基准。调“0”时，先使测头与基准面接触，压测头到量程的中间位置，转动刻度盘使零线与指针对齐，然后反复测量同一位置 2 ~ 3 次后检查指针是否仍与零线对齐，如不齐则重调。

4. 测量时，用手轻轻抬起测杆，将工件放入测头下测量，不可把工件强行推入测头下。显著凹凸的工件不用杠杆表测量。

5. 不要使杠杆表突然撞击到工件上，也不可强烈震动、敲打杠杆表。

6. 测量时注意表的测量范围，不要使测头位移超出量程。

7. 不使测杆做过多无效的运动，否则会加快零件磨损，使表失去应有精度。

8. 当测杆移动发生阻滞时，须送计量室处理。

四、维护与保养

1. 使表远离液体，不使冷却液、切削液、水或油与表接触。

2. 在不使用杠杆表时，要解除其所有负荷，让测量杆处于自由状态。

学习活动 5　工作总结与评价

学习目标

1. 能按分组情况，分别派代表展示工作成果，说明本次任务的完成情况，并作分析总结。

2. 能结合自身任务完成情况，正确规范撰写工作总结（心得体会）。

3. 能就本次任务中出现的问题，提出改进措施。

4. 能对学习与工作进行反思总结，并能与他人开展良好合作，进行有效的沟通。

5. 能按要求正确规范地完成本次学习活动工作页的填写。

建议学时：4 学时。

学习过程

自我评价、小组评价、教师评价

1. 展示评价

把个人制作好的轴套先进行分组展示，再由小组推荐代表作必要的介绍。在展示的过程中，以组为单位进行评价；评价完成后，根据其他组成员对本组展示的成果评价意见进行归纳总结。完成如下项目：

（1）展示的轴套符合技术标准吗？

合格□　　不良□　　返修□　　报废□

（2）与其他组相比，本小组的轴套工艺你认为：

工艺优化□　　工艺合理□　　工艺一般□

（3）本小组介绍成果表达是否清晰?

很好□　　一般，常补充□　不清晰□

（4）本小组演示轴套检测方法操作正确吗?

正确□　　部分正确□　　不正确□

（5）本小组的成员团队创新精神如何?

良好□　　一般 □　　不足□

自评总结（心得体会）

2. 教师对展示的作品分别作评价：

（1）找出各组的优点点评。

（2）对任务完成过程中各组的缺点进行点评，提出改进方法。

（3）对整个任务完成中出现的亮点和不足进行点评。

评价与分析

任务评价表

班级______________　学生姓名______________　学号______________

<table>
<tr><th rowspan="3">项目</th><th colspan="3">自我评价</th><th colspan="3">小组评价</th><th colspan="3">教师评价</th></tr>
<tr><th>10 ~ 9</th><th>8 ~ 6</th><th>5 ~ 1</th><th>10 ~ 9</th><th>8 ~ 6</th><th>5 ~ 1</th><th>10 ~ 9</th><th>8 ~ 6</th><th>5 ~ 1</th></tr>
<tr><th colspan="3">占总评 10%</th><th colspan="3">占总评 20%</th><th colspan="3">占总评 70%</th></tr>
<tr><td>学习活动 1</td><td></td><td></td><td></td><td></td><td></td><td></td><td></td><td></td><td></td></tr>
<tr><td>学习活动 2</td><td></td><td></td><td></td><td></td><td></td><td></td><td></td><td></td><td></td></tr>
<tr><td>学习活动 3</td><td></td><td></td><td></td><td></td><td></td><td></td><td></td><td></td><td></td></tr>
<tr><td>学习活动 4</td><td></td><td></td><td></td><td></td><td></td><td></td><td></td><td></td><td></td></tr>
<tr><td>学习活动 5</td><td></td><td></td><td></td><td></td><td></td><td></td><td></td><td></td><td></td></tr>
<tr><td>表达能力</td><td></td><td></td><td></td><td></td><td></td><td></td><td></td><td></td><td></td></tr>
<tr><td>协作精神</td><td></td><td></td><td></td><td></td><td></td><td></td><td></td><td></td><td></td></tr>
<tr><td>纪律观念</td><td></td><td></td><td></td><td></td><td></td><td></td><td></td><td></td><td></td></tr>
<tr><td>工作态度</td><td></td><td></td><td></td><td></td><td></td><td></td><td></td><td></td><td></td></tr>
<tr><td>任务总体表现</td><td></td><td></td><td></td><td></td><td></td><td></td><td></td><td></td><td></td></tr>
<tr><td>小计分</td><td colspan="3"></td><td colspan="3"></td><td colspan="3"></td></tr>
<tr><td>总评分</td><td colspan="9"></td></tr>
</table>

任课教师：　　　　　　　　　　年　　月　　日

附表

附表 1　　　　　　　　交接班记录

设备名称：　　　　　　设备编号：　　　　　　使用班组：

项目	交接机床	交接工、量、夹、刃具			交接图纸	交接材料	交接成品件	交接半成品件	工艺技术交流
数量、使用情况（交班人填）									
交班人									
接班人									
日期									

注：在企业里不同班次在交接班时，班次之间一般会对交接班记录表进行填写，这样才能够做到责任明确、安全到人的规范要求。

附表 2

设备日常保养记录卡

设备名称：　　　　设备编号：　　　　使用部门：　　　　保养年月：　　　　存档编码：

日期 保养内容	1	2	3	4	5	6	7	8	9	10	11	12	13	14	15	16	17	18	19	20	21	22	23	24	25	26	27	28	29	30	31
环境卫生																															
机身整洁																															
加油润滑																															
工具整齐																															
电气故障																															
机械故障																															
保养人																															
备注																															

审核人：　　　　年　　月　　日

注：保养后，用“√”表示日保；“Δ”表示周保；“O”表示月保；“Y”表示一级保养；“×”表示有损坏或异常现象，应在“备注”栏给予记录。